IGNORÂNCIA

STUART FIRESTEIN

Ignorância
Como ela impulsiona a ciência

Tradução
Paulo Geiger

Copyright © 2012 by Stuart Firestein
Esta obra foi publicada originalmente em língua inglesa pela Oxford University Press.
Eventuais imprecisões ou omissões desta tradução são de total responsabilidade da Companhia das Letras.

serrapilheira
O Serrapilheira é um instituto privado, sem fins lucrativos, criado para apoiar a pesquisa e a divulgação científica no Brasil.

Grafia atualizada segundo o Acordo Ortográfico da Língua Portuguesa de 1990, que entrou em vigor no Brasil em 2009.

Título original
Ignorance: How It Drives Science

Capa
Luciana Facchini

Preparação
Officina de Criação

Índice remissivo
Luciano Marchiori

Revisão
Carmen T. S. Costa
Márcia Moura

Dados Internacionais de Catalogação na Publicação (CIP)
(Câmara Brasileira do Livro, SP, Brasil)

Firestein, Stuart
   Ignorância : Como ela impulsiona a ciência / Stuart Firestein ; tradução Paulo Geiger. — 1ª ed. — São Paulo : Companhia das Letras, 2019.

   Título original: Ignorance : How It Drives Science.
   ISBN 978-85-359-3229-4

   1. Ciência – Filosofia 2. Ignorância (Teoria do conhecimento) I. Geiger, Paulo. II. Título.

19-25514   CDD-501

Índice para catálogo sistemático:
1. Filosofia da ciência 501

Iolanda Rodrigues Biode – Bibliotecária – CRB-8/10014

[2019]
Todos os direitos desta edição reservados à
EDITORA SCHWARCZ S.A.
Rua Bandeira Paulista, 702, cj. 32
04532-002 — São Paulo — SP
Telefone: (11) 3707-3500
www.companhiadasletras.com.br
www.blogdacompanhia.com.br
facebook.com/companhiadasletras
instagram.com/companhiadasletras
twitter.com/cialetras

Sumário

Agradecimentos 7
Introdução 11

1. Uma breve visão da ignorância 19
2. Descoberta 26
3. Limites, incerteza, impossibilidade e outros
   problemas menores 36
4. Imprevisível 49
5. A qualidade da ignorância 57
6. Você e a ignorância 78
7. Histórias de casos 84
Coda 148

Notas 155
Sugestões de leitura 161
Artigos adicionais consultados 166
Índice remissivo 168

Agradecimentos

No início do meu curso sobre ignorância, em resposta às inevitáveis perguntas sobre avaliação, costumo advertir os alunos, meio de brincadeira, que ponderem seriamente sobre as notas finais que gostariam de ver no boletim. Afinal, no documento estará escrito "Disciplina: Ignorância"... Será que preferem tirar um dez ou um zero numa matéria com esse nome? Há um pouco desse mesmo desconforto no agradecimento às muitas contribuições de amigos, colegas, estudantes e familiares, uma vez que o título do livro é *Ignorância*. Não obstante, meu débito com eles é grande, e só posso esperar que esses vários "co-conspiradores" fiquem felizes por terem seus nomes mencionados aqui. Agradecimentos especiais, pois, aos muitos e maravilhosos estudantes da Universidade Columbia que se arriscaram a frequentar um curso chamado "Ignorância" e tanto acrescentaram a ele. Ministrar esse curso foi um dos pontos altos da minha carreira universitária. E, é claro, aos corajosos colegas, cientistas atuantes que dispuseram de duas horas de uma noite e bravamente exibiram sua ignorância aos estudantes e a mim, cativando-nos e nos iluminando a todos. Alguns deles aparecem nas histórias de casos deste livro, e os nomes dos outros podem ser encontrados no site Ignorance. No início do curso tive a tremenda sorte de contar com um membro de meu laboratório como professor assistente voluntário; ele me ajudou a desenvolver o programa, uma ajuda intelectual e em outros níveis que asseguraram seu sucesso. Seu nome é Alex Chesler, e vocês ainda vão ouvir falar dele, tenho certeza. Depois que Alex foi embora, Isabel Gabel serviu como professora assistente, e isso foi muito especial, pois como estudante de pós-graduação no Departamento de História ela trouxe ao curso uma perspectiva nova e diferente.

Muitos colegas e amigos próximos, cientistas e humanistas, leram várias versões deste manuscrito e foram extremamente generosos, bem como inflexíveis, em seus comentários. Entre eles se incluem Terry Acree, Charles Greer, Christian Margot, Patrick Fitzgerald, Peter Mombaerts, Philip Kitcher, Cathy Popkin, Gordon Shepherd, Jonathan Weiner e Nick Hern. Inúmeros itens importantes foram modificados em consequência de suas críticas, mas qualquer tolice que tenha permanecido é de minha total responsabilidade.

Em 2009, um pequeno grupo de estudantes de pós-graduação em neurociência e estudantes de pós-graduação em Master of Fine Arts (MFA) em literatura de não ficção me procuraram com a proposta de formar um grupo de escrita, com o objetivo de pensar como escrever sobre ciência real para uma audiência realmente pública. O grupo foi apelidado NeuWrite, conquanto nossos assuntos se estendessem muito além da neurociência. Partes deste livro foram impiedosamente analisadas e discutidas por essa notável e talentosa equipe, e nunca será exagero declarar o muito que aprendi graças à generosidade e ao insight desses jovens escritores.

Tive a sorte de contar com vários editores que não somente deram seu apoio como também foram verdadeiros entusiastas deste projeto. Primeiro, Catherine Carlin sugeriu fazer um livro baseado no curso; mais recentemente Joan Bossert reuniu-se a ela, e ambas cuidaram do manuscrito como se ele fosse uma criança. Joan pediu a Marion Osmun que fizesse uma edição rigorosa num primeiro rascunho e percebeu perfeitamente do que trata este livro. A Fundação Alfred P. Sloan sustenta um programa que torna a ciência acessível ao público, e foi generosa ao apoiar este projeto com uma subvenção. Devo observar também que uma das primeiras pessoas a sugerir a importância da ignorância na ciência foi um ex-diretor da fundação, Frank Gomoroy.

Minha maior dívida é com minha mulher, Diana, e com minha filha, Morgan, que demonstraram uma fé inabalável em minha ignorância e em outras coisas ao longo de todo o tempo que me conhecem.

Introdução

*"É muito difícil achar um gato preto num quarto escuro",
adverte um antigo provérbio. "Especialmente quando não há
nenhum gato."*

Essa epígrafe me parece uma descrição particularmente pertinente de como a ciência procede no dia a dia. Com certeza é mais precisa que a imagem, mais comum, de um quebra-cabeça gigante que cientistas montam pacientemente. Num quebra-cabeça o fabricante garante que há uma solução.

Sei que esta maneira de ver o processo científico — tateando em quartos escuros, deparando com coisas inidentificáveis, procurando fantasmas quase imperceptíveis — é o contrário de como muita gente o idealiza, em especial quando não são cientistas. Suspeito que ao pensar em ciência a maioria das pessoas imagina a busca sistemática ao longo de quase quinhentos anos que, em mais ou menos catorze gerações, revelou mais informação sobre o universo e o que nele existe do que tudo que se sabia nos primeiros 5 mil anos da história humana de que se tem registro. Elas imaginam uma irmandade unida pela regra de ouro, *o método científico*, um conjunto imutável de preceitos para conceber experimentos que criem múltiplos fatos frios e rígidos. E esses sólidos fatos formam o edifício da ciência, um ininterrupto registro de avanços e insights incorporados a nossas visões modernas e a um padrão de vida sem precedentes. Ciência com C maiúsculo.

Tudo isso é muito bonito, mas temo que seja, em grande parte, uma história engendrada por relatos de jornais, documentários de televisão e currículos do ensino médio. Se me permitem, vou apresentar minha maneira de ver a ciência, que é um tanto diferente. Não se trata de fatos e de regras, e sim de gatos pretos em quartos escuros. Como descreve o matemático Andrew Wiles, de Princeton, fazer ciência é tatear, e apalpar e cutucar, e tropeçar, e então descobrir um interruptor, em geral acidentalmente, e acender a luz, e ouvir todos dizerem: "Oh, então isso é assim!". Depois se segue outro quarto escuro, no qual se busca outro misterioso felino preto. Se tudo isso soa deprimente, talvez algum sombrio cenário beckettiano de infinitude existencial não o seja. Na verdade, é até bem animador.

A contradição entre como a ciência é de fato investigada e como isso é percebido saltou-me aos olhos, pela primeira vez, em meu duplo papel de chefe de laboratório e professor de neurociência na Universidade Columbia. No laboratório, investigar questões da neurociência com os estudantes de pós-graduação e os pós-doutorandos, conceber e realizar experimentos para testar nossas ideias de como o cérebro funciona, era excitante e desafiador e, bem, empolgante. Ao mesmo tempo passava muito tempo escrevendo e organizando aulas sobre o cérebro para um curso de graduação que eu dava. Isso era bem difícil, haja vista o volume de informação disponível, e um desafio interessante. Mas verdade seja dita: não era empolgante. Qual a diferença?

O curso de graduação que eu ministrava — e ainda ministro — tinha — e ainda tem — o proibitivamente sonoro nome de "Neurociência celular e molecular". Os estudantes que o procuram são jovens brilhantes, em seu terceiro ou quarto ano de universidade, em geral especializados em biologia. Isto é, esses estudantes vão seguir carreira na medicina ou na pesquisa biológica. O curso consiste em 25 aulas de uma hora e meia cada uma, e adota um compêndio com o pomposo título de *Princípios de ciência neural*, editado pelos eminentes neurocientistas Eric Kandel e Tom Jessel (com o falecido Jimmy Schwartz). Um catatau de 1414 páginas pesando robustos três quilos e meio — pouco mais que o dobro do peso de um cérebro humano. Ora, o negócio dos autores de livros didáticos é prover mais informação por centavo do que seus concorrentes, e assim o livro contém um número de detalhes estrepitoso. Da mesma forma, como professor, você deseja demonstrar autoridade, e quer que suas aulas sejam "informativas"; por isso tende a recheá-las de inúmeros fatos vagamente associados a uns poucos grandes conceitos. O resultado, pensava eu, era que no final do semestre os estudantes deveriam ter a impressão de que sabiam quase tudo que diz respeito à neurociência. Não poderia estar mais errado. Ao dar esse curso, eu havia passado aos estudantes a ideia de que a ciência é uma acumulação de fatos, e isso tampouco é verdadeiro. Quando estou tomando uma cerveja com colegas, não repasso fatos, não falo sobre o que já sabemos. Falamos sobre o que gostaríamos de descobrir, sobre o que precisa ser feito. Numa carta a seu irmão, em 1894, contando ter se graduado pela *segunda* vez, Marie Curie escreveu: "Nunca se nota o que já foi feito; só se consegue ver o que resta a ser feito…".

O elemento crucial na ciência era omitido aos estudantes. A parte não realizada que nos faz ir cedinho para o laboratório e nos mantém lá até tarde, aquilo que "gira a sua manivela", a força impulsionadora da ciência, o entusiasmo pelo desconhecido, tudo isso faltava em nossas salas de aula. Resumindo, estávamos deixando de ensinar a *ignorância*, a parte mais crítica de toda a operação.

E assim me ocorreu que talvez devesse mencionar algo daquilo que não sabemos, o que ainda precisa ser descoberto, o que ainda está envolto em mistério, o que ainda tem de ser feito — de modo que os estudantes possam sair e descobrir, desvendar esses mistérios e fazer coisas que não estavam feitas. Isto é, eu deveria ensinar ignorância. Finalmente, pensei, um assunto no qual posso me superar.

Essa curiosa revelação fez nascer e crescer a ideia de um curso inteiro dedicado a ela, chamado "Ignorância". Um curso sobre ciência. Esse curso, em sua encarnação atual, começou na primavera de 2006. Uma parte central dele consiste em sessões — hesito em chamá-las de aulas — nas quais um/a cientista convidado/a fala a um grupo de estudantes durante umas poucas horas sobre o que ele/ela não sabe. Os visitantes chegam e nos contam o que eles gostariam de saber, o que consideram fundamental conhecer, como poderiam vir a sabê-lo, o que acontecerá se descobrirem esta ou aquela coisa, o que pode acontecer se não a descobrirem. Falam sobre o que se pode saber, sobre o que talvez seja impossível conhecer, sobre o que não sabiam dez ou vinte anos atrás e agora sabem, ou ainda não sabem. Por que querem saber isto e não aquilo, isto mais do que aquilo. Em suma, falam sobre o estado atual da sua ignorância.

Recrutar meus colegas cientistas para fazer isso é sempre um pouco capcioso — "Alô, Albert, estou dando um curso sobre ignorância e acho que você se encaixaria com perfeição no assunto". Porém, quase todo cientista imediatamente se dá conta de que, sim, seria perfeito para o curso, que isso é realmente o que fazem de melhor, e, uma vez ultrapassado o fato de não terem nenhum slide preparado para uma fala sobre ignorância, podem vir a participar de uma surpreendente e gratificante aventura. Nossa faculdade inclui astrônomos, químicos, ecologistas, etólogos, geneticistas, matemáticos, neurobiólogos, físicos, psicobiólogos, estatísticos e zoólogos. O princípio-guia do curso não é simplesmente tratar das *grandes questões* — como começou o universo, o que é consciência etc. Esses são temas de programas de ciência popular, como *Nature* ou *Discovery*, que, embora entretenham, não são na verdade *sobre* ciência, não a ciência do dia a dia, do detalhe, da sala de pesquisa ou da bancada do laboratório. Em vez disso, o curso pretende estudar uma série de casos de ignorância — a ignorância que impulsiona a ciência. Na verdade, tomei exemplos da sala de aula e na segunda metade do livro os apresentei como uma série de "histórias de casos". Apesar de versarem sobre pessoas que realizam um trabalho científico altamente hermético, penso que o leitor poderá considerá-las envolventes e agradavelmente acessíveis.

Uso a palavra *ignorância* de modo que seja, ao menos em parte, intencionalmente provocadora. Mas dediquemos um momento para definir o tipo de ignorância ao qual me refiro, pois esse vocábulo tem muitas conotações ruins, sobretudo em seu uso corriqueiro, e não me refiro a nenhuma delas. Um tipo de ignorância é a estupidez intencional — pior que uma simples estupidez, é uma bisonha indiferença aos fatos e à lógica. Apresenta-se como uma teimosa devoção a opiniões desinformadas, ignorando (vem da mesma raiz) ideias, opiniões ou dados contrários. O ignorante desse tipo é desatento, não esclarecido, desinformado, e, o que surpreende, muitas vezes ocupa cargos importantes. Podemos concordar que nada disso é bom.

Mas existe outro sentido, menos pejorativo, de ignorância — aquele que descreve uma condição particular do conhecimento:

a ausência de um fato, compreensão, insight ou clareza quanto a algo. Não é uma falta de informação individual, mas uma lacuna comunitária no conhecimento. Um caso do qual não existem dados, ou, mais comumente, do qual os dados existentes não formam um todo coerente, uma explicação clara, e não podem ser usados para prever ou afirmar alguma coisa ou algum evento. Essa é uma ignorância inteligente, perceptiva, plena de insight. Ela nos leva a contextualizar melhor as questões, primeiro passo para obter melhores respostas. É a fonte mais importante da qual nós, cientistas, dispomos, e usá-la corretamente é a coisa mais significativa que um cientista faz. James Clerk Maxwell, talvez o maior físico entre Newton e Einstein, nos aconselha: "Uma ignorância totalmente consciente é o prelúdio a todo avanço real na ciência".

Antes de mergulhar nessa ignorância, deixe-me dedicar algumas linhas para guiar o leitor. Primeiro, o livro é curto, o que qualquer um já deve ter percebido. Eu gostaria que fosse mais curto, mas Pascal disse uma vez, à guisa de desculpa, no fim de um longo bilhete escrito para um amigo: "Eu teria sido mais breve se tivesse tido mais tempo". Eu teria sido mais breve se fosse mais esperto, mas o livro saiu como saiu.

Visei leitores não especialistas. Isso, é claro, inclui a todos, pois, num campo que não é o nosso, somos todos iniciantes. Cientistas atuantes encontrarão aqui, espero, muita coisa que lhes é familiar, mas da qual raramente se fala; não cientistas encontrarão um modo de compreender o que lhes parece mais complicado no que concerne à ciência. É este segundo tipo de leitor que levo em conta em especial, e este texto é em grande parte escrito por e para ele.

Gosto de pensar que o livro será lido de uma sentada, ou de duas, algumas horas passadas com proveito, com a mente focada num modo talvez novo de pensar a ciência e, por extensão, outros tipos de conhecimento. A intenção é que ele não interfira em sua vida diária, sua ocupação, seu trabalho, criando um débito significativo em seu valioso tempo. Esta obra precisa ser um acréscimo, não uma subtração.

Para tanto, adotei várias medidas que procuram facilitar o percurso do livro. Não incluí notas extensas, citações ou notas de rodapé que desviem a atenção. Quando alguém é citado no texto e sua identidade é óbvia, não acrescentei nada à citação — informações são facilmente obtidas na internet. Quando notas extras ou um material mais extenso podem oferecer dados interessantes a alguns leitores, mas não se integram ao texto, incluí sugestões de leitura adicional no final do volume, com comentários muitas vezes relacionados a determinados pontos no texto. É possível acessar o site <http://ignorance.biology/columbia.edu>, montado para o livro e para o curso, com muito mais informação aos interessados em se aprofundar no assunto.

Também o formato do livro procura proporcionar uma leitura confortável. Ele está dividido em duas seções. A primeira metade é um ensaio e a segunda é uma narrativa, composta de quatro histórias de ignorância, as quais espero que o leitor considere envolventes e reveladoras, baseadas nas aulas do curso. Na parte do ensaio, algumas ideias cruciais são repetidas de modo diferente, de ângulos diferentes, para acrescentar uma nova perspectiva. Aprendi em anos de ensino que dizer mais ou menos a mesma coisa de diferentes maneiras é uma estratégia eficaz. Às vezes, ouvir algo sucessivas vezes, ou da maneira certa, suscita no ouvinte um "clique" de reconhecimento — aquele momento "ah, entendi!" de clareza. E mesmo que a primeira leitura lhe baste, outra explicação sempre vai acrescentar textura. Portanto, não é um livro "bem organizado" no sentido que os capítulos levam o leitor a atravessar um matagal de fatos e conceitos para chegar a uma conclusão inescapável. Não é um discurso, mas uma reflexão sobre uma questão. Considerei vários modos de ordenar o material, e o que aqui se apresenta é, para mim, o mais direto, se não o mais atraente. Convido o leitor a perambular pelo material em vez de ser conduzido numa trilha de argumentações.

1. Uma breve visão da ignorância

O conhecimento é um grande tema. A ignorância é ainda maior. E é mais interessante.

Talvez isso soe estranho porque todos buscamos o conhecimento e esperamos evitar a ignorância. Queremos saber como se faz uma coisa, como se consegue aquela outra, como se obtém êxito em vários empreendimentos. Frequentamos a escola durante muito tempo, em alguns casos por mais de vinte anos de ensino formal, quase sempre seguidos de mais quatro a oito anos de treinamento prático, trabalhando como estagiários, bolsistas, residentes e afins — tudo para adquirir mais conhecimento. Porém quantos de nós pensamos no que virá depois de adquirir conhecimento? Podemos passar mais de vinte anos aprendendo, mas... e quanto aos quarenta seguintes? Para eles não temos um programa bem definido, nem um indício do que fazer durante boa parte deles. Então, o que vem *depois* do conhecimento? Talvez o leitor não pense nisso nesta ordem, mas eu diria que a ignorância vem depois do conhecimento, e não o contrário.

A caminho de uma cirurgia de alto risco, Gertrude Stein ouviu de sua companheira de toda a vida, Alice B. Toklas, a pergunta: "Qual é a resposta?". Stein respondeu: "Qual é a pergunta?". Há algumas versões diferentes dessa história, mas todas chegam à mesma ideia: perguntas são mais relevantes que respostas. Uma boa pergunta é capaz de suscitar diversas camadas de respostas, inspirar décadas de buscas de soluções, criar campos inteiramente novos de investigação e provocar mudanças num pensamento já entranhado. Respostas, por outro lado, frequentemente põem fim ao processo.

Será que atualmente estamos, nós também, fascinados por respostas? Será que temos medo de perguntas, sobretudo as que persistem por demasiado tempo? Parece que chegamos a uma fase marcada por um apetite voraz por conhecimento, na qual o crescimento da informação é exponencial, e talvez mais importante; sua disponibilidade é mais fácil e mais rápida do que jamais foi. O Google é o símbolo, a insígnia, a cota de armas do mundo moderno da informação. Mais informação é demandada, mais fatos são oferecidos, mais dados são requisitados, e mais de tudo isso é entregue, mais rapidamente. De acordo com o Instituto Berkeley, em 2002 foram acrescentados cinco exabytes de informação aos acervos mundiais. Isso representa 1 bilhão de bilhões [1 quintilhão] de bits de dados, o bastante para encher a Biblioteca do Congresso dos Estados Unidos 37 mil vezes. São oitenta megabytes para cada indivíduo no planeta, correspondentes a uma pilha de livros com dez metros de altura. Isso foi em 2002. Parece ter aumentado 1 milhão de vezes, segundo a última atualização em 2007.

O que se pode fazer diante desse aumento da informação? Como pode alguém se manter atualizado? Como é possível não conseguir dar um basta no aprofundamento do pântano da informação? O leitor ficaria intrigado se eu lhe dissesse que isso é apenas uma questão de perspectiva? Cientistas atuantes não ficam atolados no pântano dos fatos porque não ligam tanto assim para fatos. Não que os desprezem ou ignorem: não veem neles um fim em si. Não se detêm nos fatos; começam mais além, onde os fatos terminam. Os fatos são selecionados — por um processo semelhante a uma negligência controlada — em função das perguntas que suscitam, da ignorância para a qual apontam. Que tal cultivar a ignorância em vez de temê-la, controlar a negligência dos fatos em vez de se sentir culpado por isso? Que tal compreender o poder do *não* saber, num mundo dominado pela informação? Como disse o primeiro filósofo, Sócrates: "Só sei que nada sei".

Pessoas eruditas concordam que Isaac Newton, em 1687, ao formular as leis da força e inventar o cálculo integral e diferencial em seus *Principia Mathematica*, provavelmente conhecia tudo da ciência existente na época. Um único cérebro humano poderia então saber tudo que havia para saber na ciência. Hoje isso é impossível. Embora um estudante de ensino médio do século XXI provavelmente tenha mais informação científica do que Newton teve no final do século XVII, o cientista profissional moderno domina um volume muito menor do que o total do conhecimento ou da informação disponíveis hoje. É curioso que, à medida que nosso conhecimento coletivo cresce, nossa ignorância não parece estar encolhendo. Ao contrário, sabemos uma fração ainda menor do total, e nossa ignorância individual, em proporção à base do conhecimento, aumenta. Essa ignorância é uma espécie de limitação, e, a meu ver, é um pouco irritante porque a única coisa que você sabe é que há muito mais coisas que você nunca saberá. Infelizmente, parece não haver nada que se possa fazer quanto a isso.

Na escala maior está a ignorância absoluta, ou verdadeira, a ignorância representada pelo que de fato ninguém sabe em lugar nenhum — isto é, a ignorância comum a todos. E essa ignorância, ainda cheia de mistério, também está aumentando. Nesse caso, contudo, há boas notícias, pois ela não é uma limitação, mas uma oportunidade. Uma busca no Google da palavra "ignorance" traz 37 milhões de menções; a de "knowledge", conhecimento, devolve 495 milhões. Isso reflete a utilidade do Google mas também sua parcialidade. Certamente há mais ignorância do que conhecimento. E, por isso, resta mais a fazer.

Fico mais à vontade com toda essa ignorância do que com todo esse conhecimento. Os vastos arquivos de conhecimento parecem inexpugnáveis, uma montanha de fatos que nunca poderei ter a esperança de aprender, muito menos lembrar. As bibliotecas são ao mesmo tempo imponentes e deprimentes. O esforço cultural que elas representam, de registrar por gerações o que sabemos e pensamos sobre o mundo e nós mesmos, é sem dúvida majestoso; mas a impossibilidade de ler uma pequena fração dos livros que elas contêm pode ser desanimador.

Em nenhum outro lugar essa dinâmica é mais verdadeira do que na ciência. A cada dez ou doze anos, aproximadamente, o número de artigos científicos dobra. Isso não é novo — está ocorrendo desde Newton — e cientistas têm reclamado durante quase todo esse tempo. Francis Bacon, o pai pré-iluminista do conhecimento científico, reclamou no século XVII que a massa acumulada de conhecimento se tornara intratável e ingovernável. Talvez fosse o ímpeto da fascinação pelo Iluminismo, com classificações e enciclopédias, uma tentativa de pelo menos alfabetar o conhecimento, se não efetivamente contê-lo. Esse processo é exponencial, e assim, com o tempo, ele vai ficando, como se diz, "cada vez pior". A primeira duplicação da informação criou algumas dezenas de livros ou trabalhos novos, enquanto a duplicação mais recente contabilizou mais de 1 milhão de publicações novas. Não é só o ritmo do aumento que espanta; é a quantidade efetiva que torna o acúmulo tão assustador. Como é que alguém pode começar a ser um cientista? E se isso é intimidador para cientistas treinados e experientes, como não o seria para o cidadão comum? Não é de admirar que a ciência atraia apenas os mais devotados. Será que é por isso que ela parece tão inacessível?

Bem, difícil ela é, e não há como negar a existência de uma porção de fatos que precisamos conhecer para ser cientistas profissionais. Mas é claro que não podemos conhecer todos eles, e conhecer muitos deles não faz de ninguém, automaticamente, um cientista, somente um nerd. Todo profissional — advogado, médico, engenheiro, contador, professor — precisa saber muitos fatos. No que concerne à ciência, porém, há uma diferença importante. Os fatos servem sobretudo para dar acesso à ignorância. Como cientista, você não faz, com aquilo que sabe, alguma coisa para defender alguém, tratar alguém ou ganhar um monte de dinheiro. Você usa esses fatos para enquadrar uma nova questão — para especular sobre um novo gato preto. Em outras palavras, cientistas não se concentram naquilo que sabem — que é a um só tempo considerável e minúsculo —, e sim no que não sabem. O grande fato é que a ciência trafega na ignorância, a cultiva e é impulsionada por ela. Ficar flanando no desconhecido é uma aventura; fazer isso como meio de vida é algo que a maioria dos cientistas considera um privilégio. Uma das ideias cruciais deste livro é que esse tipo de ignorância não precisa ser terreno somente de cientistas, embora seja necessário admitir que os bons cientistas são os maiores especialistas do mundo em ignorância. Mas não são donos dela. Assim, você pode ser ignorante também. Quer estar na vanguarda? Bem, ignorância é tudo, ou quase tudo, que existe lá fora. Esqueça as respostas. Trabalhe nas perguntas.

Nos primeiros tempos da televisão, o artista pioneiro Steve Allen introduziu em seu show de variedades um quadro conhecido como "O homem da pergunta". O mundo que ele apresentava tinha superabundância de respostas mas poucas perguntas. Na década de 1950, no pós-guerra, com sua ênfase em ciência e tecnologia, era fácil perceber o mundo dessa maneira. Dava-se ao "homem da pergunta" uma resposta, e sua tarefa era apresentar uma pergunta. Estamos precisando desse personagem novamente. Ainda temos respostas demais, ou pelo menos damos demasiado crédito a elas. Muita ênfase nas respostas e pouca atenção às perguntas produziram uma visão distorcida da ciência. E isso é uma pena, porque é a pergunta que faz a ciência ser um jogo tão divertido.

Mas todos esses fatos devem servir para alguma coisa. Pagamos um preço muito alto por eles, tanto em dinheiro como em tempo, e esperamos que valham. A ciência, é claro, cria fatos e faz uso deles; seria tolice fingir que não é assim. E para ser cientista é preciso conhecer esses fatos ou algum subconjunto deles. Mas como um cientista os *utiliza*, além de simplesmente os acumular? Como matéria-prima, e não como produto acabado. Nesses fatos se encontra a rodada seguinte de perguntas, aprimoradas com questões novas. Confundir a matéria-prima com o produto é um erro sutil, mas que surpreendentemente pode ter consequências de longo alcance. Compreender esse erro e suas ramificações, e corrigi-lo, é decisivo para a compreensão da ciência.

O poeta John Keats imaginou um estado mental ideal para a psique literária e chamou-o de Capacidade Negativa — "que surge quando um homem está cheio de incertezas, mistérios, dúvidas, sem nenhuma irritável busca de fato & razão". Ele considerava Shakespeare um exemplo desse estado mental, permitindo-se habitar os pensamentos e sentimentos de seus personagens porque sua imaginação não se deixava perturbar por certezas, fatos e realidade mundana (pense em Hamlet). Essa noção pode ser adaptada ao cientista, que deveria estar sempre nesse estado de "incerteza sem irritabilidade". Os cientistas buscam fato e razão, mas é quando eles têm menos certeza que a busca é mais imaginativa. Erwin Schrödinger, um dos grandes filósofos-cientistas, diz: "Numa busca honesta de conhecimento, você com frequência tem de se conformar com a ignorância por um período indeterminado". E ele conhecia bem a incerteza: colocou o agora famoso *gato de Schrödinger* num experimento no qual o felino, encerrado numa caixa com um frasco de veneno (que poderia ou não ser ativado, dependendo de um evento quântico), estava, quando não observado, morto e vivo, ou nenhum dos dois. O cientista, assim, precisa ter fé na incerteza, prazer no mistério e aprender a cultivar a dúvida. Não há modo mais seguro de estragar um experimento do que ter certeza de seu resultado.

Para resumir, meu propósito neste livro intencionalmente curto é descrever como a ciência progride mediante o crescimento da ignorância, desiludir o leitor da ideia disseminada de que a ciência é um acúmulo de fatos, mostrar como é possível participar da maior aventura da história humana sem ter de lidar com textos densos e longas leituras. No final, o leitor não será um cientista (a menos que já o seja), mas não precisará se sentir excluído da notável visão de mundo que a ciência propicia. Não estou fazendo proselitismo da ciência como a única maneira legítima de compreender o mundo; ela não é. Muitas culturas viveram, e continuam a viver, muito felizes sem a ciência. Mas numa cultura cientificamente sofisticada como a nossa é tão perigoso desconhecê-la como ignorar as finanças ou a lei. Se é importante estar familiarizado com tudo aquilo que nos torna bons cidadãos, é igualmente importante reconhecer a ciência como interessante e divertida demais para ser ignorada.

Podemos começar observando como a ciência obtém seus fatos e como esse processo é, na verdade, um gerador de ignorância. Então podemos examinar como os cientistas realizam seu trabalho — fazendo escolhas, decidindo as questões às quais irão se dedicar, estabelecendo o modo como ensinam ou deixam de ensinar ciência —, e, finalmente, como não especialistas podem ter acesso à ciência através do improvável portal da ignorância.

2. Descoberta

A ciência, segundo uma crença generalizada, procede pelo acúmulo de dados mediante observações, manipulações e outras atividades semelhantes inseridas na categoria comumente chamada de pesquisa experimental. O método científico é observação, hipótese, manipulação, mais observação e novas hipóteses, realizado num loop infindável de descobertas. Isso está correto mas não é totalmente verdadeiro, uma vez que transmite a noção de que se trata de um processo ordenado, o que quase nunca é. "Vamos obter os dados, e então poderemos descobrir a hipótese", eu disse a muitos estudantes preocupados demais com o planejamento de um experimento.

O propósito dos experimentos, claro, é aprender alguma coisa. As palavras que utilizamos para descrever esse processo são interessantes. Dizemos que uma característica foi revelada, concluímos algo, descobrimos alguma coisa. A palavra *descobrir* tem um significado evocativo literal — "*des-cobrir*", isto é, tirar a cobertura, remover um véu que escondia algo que já estava lá, revelar um fato. Alguns artistas falam também sobre a revelação ou a descoberta como o fundamento da arte criativa — Rodin alegava que seu processo de esculpir era remover da pedra aquilo que não fazia parte da escultura; Louis Armstrong disse que as notas importantes eram as que ele não tinha tocado.

O resultado direto do processo de descoberta, na ciência, são os dados. Observações, medições, achados e resultados acumulam-se e em algum momento podem se consolidar num fato. A crítica literária e historiadora Mary Poovey escreveu um livro digno de nota, *A History of the Modern Fact*, no qual descreve como a ideia do fato se desenvolveu até chegar a ser a unidade respeitada e preferencial do conhecimento. Até alcançar essa ilustre posição, ele supostamente teria se livrado de toda dívida com autoridade, opinião, viés ou perspectiva. Isto é, o fato seria confiável porque supostamente surgiu de observações e medições sem vieses, sem ser afetado por interpretação subjetiva. É óbvio que isso é ridículo, como a autora demonstra à exaustão. Não importa quão objetiva seja a medição, alguém ainda terá de decidir fazer aquela medição, criando ampla oportunidade para o viés entrar no esquema bem aí. E é claro que dados e fatos são sempre interpretados porque com frequência não produzem um resultado incontestável. No entanto, essa visão idealizada ainda vigora, em especial na educação científica (embora não tão claramente na prática), na qual os fatos ocupam uma posição pelo menos tão exaltada quanto a verdade, e na qual conferem credibilidade ao serem separados da opinião. Fatos científicos são "desinteressados", o que decerto não soa muito divertido e pode ser o motivo pelo qual eles se tornam tão desinteressantes.

Não é minha intenção, com tudo isso, rebaixar os fatos, e sim pô-los numa perspectiva mais acurada, ou pelo menos na perspectiva de um cientista atuante. É com fatos que trabalhamos na ciência, mas eles não são efetivamente a moeda corrente da comunidade de cientistas. Pode parecer surpreendente para o não cientista, mas todos os cientistas sabem que os fatos são inconfiáveis. Nenhum dado está imune à nova geração de cientistas munida da nova geração de ferramentas. O que se sabe hoje nunca está garantido; nunca é suficiente. E talvez, contrariamente à intuição, quanto mais preciso é o fato, menos confiável ele pode ser; uma medição precisa sempre poderá ser revista e tornar uma vírgula decimal mais exata; uma previsão definitiva tem mais probabilidade de estar errada do que outra, vaga, que admite vários resultados.

Um dos mais gratificantes — apesar de um tanto indulgentes — prazeres de fazer ciência é provar que algo está errado — mesmo que seja você, numa época anterior. Como é que os cientistas têm certeza de que sabem alguma coisa? Quando uma coisa que sabem os satisfaz? Quando é que o fato é definitivo? Na verdade, apenas a falsa ciência reverencia "fatos", considera-os permanentes e alega ser capaz de saber tudo e fazer previsões com exatidão infalível — pode-se pensar aqui na astrologia, por exemplo. Na verdade, quando uma nova evidência obriga cientistas a modificar suas teorias, isso é considerado um triunfo, não uma derrota. Perguntaram a Max Planck, o brilhante físico que conduziu a revolução na física hoje conhecida como mecânica quântica, com que regularidade a ciência se modifica. Ele respondeu: "A cada funeral", numa alusão ao modo como a ciência costuma mudar numa escala de tempo geracional. À medida que uma nova geração de cientistas chega à maturidade, não comprometida com as ideias e os "fatos" da geração anterior, concepções e compreensões estão livres para mudar de maneira revolucionária e incremental. A ciência real é uma revisão em progresso, sempre. Ela procede, aos trancos e barrancos, da ignorância.

O LADO OBSCURO DO CONHECIMENTO

Há casos em que o conhecimento, ou um aparente conhecimento, se põe no caminho da ignorância. O éter luminífero da física, no final do século xix, é um exemplo. Acreditava-se que o éter permeava o universo, provendo o substrato através do qual as ondas de luz se propagavam. Albert Michelson ganhou o prêmio Nobel em 1907 por não ter observado esse éter em seus experimentos para medir a velocidade da luz — possivelmente o único prêmio Nobel concedido a um experimento que não funcionou. Aliás, também foi ele o primeiro cientista norte-americano a ganhar um prêmio Nobel. O éter era um gato preto num quarto escuro que físicos vinham medindo e testando e teorizando durante décadas — até os experimentos de Michelson conjurarem o fantasma de que esse felino específico nem sequer existia, permitindo com isso que Albert Einstein postulasse uma visão do universo de um modo novo e inimaginável com suas teorias da relatividade.

A frenologia, que investigava a função cerebral mediante a análise de protuberâncias cranianas, funcionou como ciência legítima durante cerca de cinquenta anos. Embora contivesse um germe de verdade — certas faculdades mentais realmente se localizam em determinadas regiões do cérebro e muitas confirmaram sua exatidão ao descrever traços de personalidade —, hoje se sabe que uma grande protuberância no lado direito da cabeça, logo atrás da orelha, não tem nada a ver com o fato de uma pessoa ser especialmente combativa. Não obstante, centenas de trabalhos científicos surgiram na literatura especializada validando esse tipo de hipótese, e vários nomes respeitados da ciência do século xix aceitavam essa ideia. Charles Darwin, que a rejeitava, foi considerado, mediante um exame da imagem de sua cabeça, portador de uma "espiritualidade bastante para dez sacerdotes"! Nesse caso, e em muitos outros (a do mágico *flogisto* como explicação da combustão e da ferrugem, ou do fluido de aquecimento *calórico*), um pseudoconhecimento escondia nossa ignorância e retardava o progresso. Hoje, com o nariz empinado, podemos considerar esquisitas tais ideias, mas há de fato algum motivo para achar que nossa moderna ciência não possa cometer erros semelhantes? Na verdade, quanto mais bem-sucedida é a confirmação de um fato, mais preocupante ele pode ser. Fatos realmente bem estabelecidos tendem a se tornar impermeáveis à revisão.

Eis aqui dois exemplos atuais:

• Quase todo mundo acredita que a língua tem sensibilidades regionais — a sensação do doce fica na ponta, o amargo atrás, salgado e azedo nas laterais. Figuras com "mapas da língua" continuam a ser publicadas não apenas em livros sobre paladar e culinária, mas também em compêndios de medicina. O único problema é que isso não é verdade. A coisa toda surgiu de uma tradução equivocada de um compêndio alemão de fisiologia, de um professor chamado D. P. Hanig, o qual alegava que seus experimentos, bem anedóticos, demonstravam que partes da língua eram ligeiramente mais ou ligeiramente menos sensíveis aos quatro paladares básicos. Muito ligeiramente, como se constata quando os experimentos são feitos com mais cuidado (o leitor pode experimentar em sua própria língua com um pouco de sal e açúcar). O trabalho de Hanig foi publicado em 1901 e em 1942 saiu a tradução para o inglês, que exagerava consideravelmente as descobertas e canonizava o mito, feita pelo afamado psicólogo Edward G. Boring, de Harvard (cujo sobrenome ["entediante"] era motivo de piada para milhares de estudantes de graduação em psicologia obrigados a ler seus compêndios). Boring, aliás, um pioneiro na percepção sensorial, nos legou a muito conhecida figura ambígua que pode ser vista como uma bela mulher ou uma velha bruaca. Talvez, ao menos parcialmente — pela importância de Boring —, o mítico mapa da língua foi canonizado como fato, mantido mediante repetição, e não por experimentação, por mais de um século.

• No início do século XX, servindo-se do que então eram novas técnicas de gravação elétrica de tecido vivo, dois neurocientistas pioneiros, Lord Adrian e Keffer Hartline, gravaram a atividade elétrica do cérebro. A forma mais proeminente dessa atividade era uma sequência de breves pulsos de voltagem, com menos de um décimo de volt e duração de apenas uns poucos milissegundos. Adrian e Hartline os caracterizaram como "picos" porque apareciam no equipamento de gravação como pontiagudas linhas verticais que pareciam ser "picos" de voltagem. Esses picos de voltagem podiam aparecer como um só ou como uma sucessão que continha centenas de picos, capazes de durar vários segundos. Adrian observou que o equipamento os registrou ao medir as células que conduzem mensagens da pele para o cérebro, e Hartline os encontrou em células da retina. Em ambos os casos eles notaram que aumentos na intensidade do estímulo — toque ou luz — causavam sucessões mais rápidas de picos nessas células. Desde então tais picos têm sido encontrados em virtualmente todas as áreas do cérebro e em todos os órgãos sensoriais, e vieram a ser considerados a linguagem do cérebro — isto é, eles constituiriam o código de toda informação que passa dentro e em torno do cérebro. Picos são unidades fundamentais da neurobiologia. Nos últimos 75 anos meus colegas na neurociência e eu temos estudado os picos e ensinado aos alunos sobre eles, criando grandes teorias sobre como o cérebro trabalha com base no comportamento dessa geração de picos. Parte disso é verdadeira. Mas o que deixamos escapar ao nos concentrarmos nos picos nas últimas oito décadas? Muito. Existem vários outros tipos de sinais elétricos no cérebro, não tão proeminentes quanto os picos, os quais refletem nossa tecnologia de registros, não do cérebro. Esses outros processos, assim como eventos químicos que não são elétricos, e portanto não podem nem mesmo ser vistos em equipamento elétrico, estão sendo agora reconhecidos como, talvez, as características mais destacadas da atividade cerebral. Mas estávamos hipnotizados pelos picos, e o resto ficou virtualmente invisível, mesmo estando bem debaixo do nosso nariz, acontecendo o tempo todo em nosso cérebro. A análise de picos foi uma atividade bem-sucedida na neurociência que nos manteve ocupados na maior parte de um século e encheu jornais e compêndios com montanhas de dados e fatos. Mas pode ter sido uma dose excessiva de uma coisa boa. Deveríamos ter olhado também para o que eles não nos contavam sobre o cérebro.

Não resisto a dar mais um exemplo, bem recente.

- Durante, no mínimo, o tempo que tenho ensinado neurociência, venho dizendo que o cérebro humano é composto de cerca de 100 bilhões de neurônios e de dez vezes esse número de células gliais — um tipo de célula que nutre os neurônios e fornece ao órgão alguma ordem e estrutura (a palavra *glia* vem do grego, significando "cola"). Esses números constam também de todos os compêndios. No início de 2009 recebi um e-mail da neurocientista brasileira Suzana Herculano-Houzel, perguntando se eu poderia responder a um breve questionário para ajudar o projeto de pesquisa de seu grupo. Uma das perguntas dizia respeito a quantos neurônios e quantas células gliais eu pensava haver no cérebro humano e de onde tinha tirado esses números. A primeira parte da pergunta era fácil — preenchi com as respostas-padrão. Mas na verdade eu não tinha certeza das fontes dessas informações. Estavam nos compêndios, mas nenhum deles apresentava alguma referência a respeito de como esses números haviam sido calculados. Ninguém, constatei, sabia de onde eles tinham vindo. Pareciam razoáveis; afinal, não eram números exatos — não como, por exemplo, 101 954 467 298 neurônios —, o que exigiria uma referência para sustentá-los. Pouco depois de um ano ouvi falar de Suzana novamente. Seu grupo tinha desenvolvido um novo método para contar células, mais preciso e menos propenso a erros, e ele podia ser usado em grandes tecidos como cérebros. A equipe contou o número de neurônios e de células gliais em vários cérebros humanos. Descobriram que o número médio de neurônios nos humanos é de 80 bilhões — 20% menos do que pensávamos; e, o mais notável, o número das células gliais era aproximadamente igual ao dos neurônios — e não dez vezes mais! Como assim? Por que o primeiro número, o errado, foi tão amplamente divulgado? Era como se os autores dos compêndios o tivessem tomado uns dos outros, e continuassem a fazê-lo circular. O número foi tido como verdadeiro por causa da repetição, não como resultado de algum experimento.

O QUE A CIÊNCIA FAZ

George Bernard Shaw, num brinde em um jantar em homenagem a Albert Einstein, proclamou: "A ciência sempre está errada. Nunca resolve um problema sem criar outros dez". Não é glorioso? A ciência (e penso que isso se aplica a todos os tipos de pesquisa e de erudição) produz ignorância, possivelmente a um ritmo mais acelerado do que produz conhecimento.

A ciência, então, não é como a cebola da analogia frequentemente usada — dela se descasca camada por camada até chegar a alguma verdade nuclear, central, fundamental. Na verdade, a ciência é como o poço mágico: não importa quantos baldes de água se retirem, sempre se pode obter mais um. Ou melhor, é como quando, ao se atirar uma pedra na superfície de um lago, se observam as ondulações que se alargam, a circunferência cada vez maior em contato com mais e mais do que está fora do círculo, com o desconhecido. Essa circunferência que vai crescendo é onde ocorre a ciência. Curioso, então, que em tantos cenários — a sala de aula, o especial na televisão, os relatos no jornal — seja o interior do círculo que pareça tão tentador, e não a ondulação externa. É um erro ficar mexendo em torno do círculo dos fatos em vez de ir para a onda de maior expansão, fora do círculo. Mas é lá que se encontra a maioria dos não cientistas.

Parece óbvio, agora, que a ciência tem a ver com o desconhecido, mas eu gostaria de lançar um olhar mais profundo a essa constatação aparentemente simples, para ver se não podemos explorá-la e chegar a algo ainda mais profundo. Na história da ciência abundam relatos sobre cientistas respeitados que alegam que em sua época já se sabia tudo, e que no máximo as medições levariam a outra casa decimal, porque todas as grandes questões estariam resolvidas. Em um ou outro momento, geografia, física, química etc. foram todas declaradas extintas. Obviamente essas alegações eram prematuras. Parece que nem sempre sabemos aquilo que não sabemos. Nas inimitáveis palavras de Donald H. Rumsfeld, ex-secretário de Defesa dos Estados Unidos, mais conhecido pela maneira incompetente como lidou com a guerra no Iraque, "existem desconhecidos conhecidos e desconhecidos".

Rumsfeld foi ridicularizado por essa e outras falas, e no que diz respeito à guerra e à segurança talvez esse não seja um pensamento que prime pela clareza, mas certamente ele tinha razão quanto a haver coisas que nem sabemos que não sabemos. Poderíamos até dar um passo à frente e reconhecer que há desconhecidos incognoscíveis — coisas que não podemos saber devido a alguma inerente e implacável limitação. A história, como tema, pode ser considerada fundamentalmente incognoscível; os dados se perdem e não são recuperáveis.

Assim, não se trata tanto de que haja limites para nosso conhecimento; o mais crítico é que pode haver limites para nossa ignorância. Seremos capazes de investigar esses limites? Será que a própria ignorância pode se tornar objeto de investigação? Podemos construir uma epistemologia da ignorância assim como temos uma para o conhecimento? Robert Proctor, historiador da ciência na Universidade de Stanford, talvez mais conhecido como inimigo implacável das campanhas de desinformação da indústria do fumo, cunhou a palavra *agnotologia* para "estudo da ignorância". Podemos investigar a ignorância com o mesmo rigor com que filósofos e historiadores têm investigado o conhecimento.

Partindo da ideia de que a boa ignorância brota do conhecimento, poderíamos começar considerando alguns dos limites do conhecimento na ciência, e ver quais foram seus efeitos na geração da ignorância, isto é, no progresso.

3. Limites, incerteza, impossibilidade e outros problemas menores

A noção de descoberta como desvendamento ou revelação é em essência uma visão platônica de que o mundo existe em outro plano e um dia saberíamos, ou poderíamos saber, tudo sobre ele. Uma árvore que cai numa floresta desabitada faz efetivamente um ruído — até onde se define ruído como um simples processo físico no qual moléculas de ar são forçadas a se movimentar em ondas de compressão. Que essas ondas sejam percebidas por nós como "som" significa apenas que a evolução possibilitou a detecção desse movimento do ar por alguns sensores especializados que vieram a ser nossas orelhas. Entretanto, acontecem coisas lá fora que a evolução talvez tenha ignorado — o que leva à nossa ignorância a respeito delas. Consideremos, por exemplo, as amplas bandas do espectro eletromagnético, incluindo, é claro, a ultravioleta e a infravermelha, mas também vários milhões de comprimentos de onda adicionais que só conseguimos detectar por meio de dispositivos como televisões, telefones celulares e rádios. Eram todos completamente desconhecidos — na verdade, inconcebíveis — para nossos ancestrais de apenas algumas gerações atrás.

É bem claro e simples de entender que nosso dispositivo sensorial, que a evolução modelou de modo a possibilitar a busca de alimento, o que evitou que nos tornássemos alimento ao longo de um tempo que nos permitiu fazer sexo e produzir descendentes, não é capaz de perceber boa parte do universo a nossa volta. Mas o mesmo processo evolucionário modelou da mesma forma nosso dispositivo mental. Existem coisas que estão além de sua compreensão? Assim como há forças que estão além da percepção de nosso dispositivo sensorial, pode haver perspectivas que estão além da concepção de nosso dispositivo mental. J. B. S. Haldane, renomado biólogo do século xx, conhecido por seus argutos e perspicazes insights, advertiu que "o universo não apenas é mais estranho do que supomos: ele é mais estranho do que *somos capazes* de supor". Desde então descobrimos neutrinos e quarks de vários tipos, possíveis novas dimensões, longas moléculas de uma substância atrevida chamada DNA, que contém nossos genes, anticorpos que nos distinguem de outros, e utilizamos esses e outros conhecimentos para inventar a televisão, as telecomunicações e uma lista infindável de coisas verdadeiramente espantosas. E para tudo isso o aforismo de Haldane de fato parece mais correto e relevante agora do que quando foi enunciado, em 1927.

Num espírito semelhante, Nicholas Rescher, filósofo e historiador da ciência, cunhou o termo *cognitivismo copernicano*. Se a revolução copernicana original demonstrou que nossa posição no espaço nada tinha de privilegiada, talvez tampouco privilegiada seja nossa paisagem cognitiva. No século xix, no romance fantasioso de Edwin Abbott, uma civilização chamada Flatland [Planolândia] é habitada por seres geométricos (quadrados, círculos, triângulos) que vivem em duas dimensões apenas e não são capazes de imaginar uma terceira. É surpreendentemente fácil se identificar com as vidas dessas criaturas e questionar se não vivemos todos num lugar que tem no mínimo uma dimensão a menos. Os habitantes de Flatland ficam intrigados e aterrorizados com a aparição de um círculo capaz de mudar sua circunferência num passe de mágica. Ele aparece, vindo de lugar nenhum, como um ponto, e vai crescendo lentamente, primeiro formando um círculo pequeno, depois cada vez maior, e em seguida, com a mesma suavidade, diminui de tamanho até se tornar um ponto de novo. Então, o que para os flatlandeses é incompreensível, ele desaparece. Essa, claro, é apenas a observação da tridimensional esfera atravessando o plano bidimensional dos habitantes de Flatland. Mas essa explicação simples é inconcebível para os habitantes de Flatland, assim como é quase inconcebível para nós que eles pudessem ser tão idiotas, não importando que as mais ou menos onze dimensões propostas pela teoria das cordas esteja bem além de nossa concepção (ou dos limites físicos de nossos sentidos).

Tomemos um exemplo da história da ciência. Desde que os gregos começaram tudo isso, tem havido uma permanente controvérsia quanto a saber se o mundo é composto de um grande número de partículas muito pequenas (atomismo) ou se é um continuum, uma onda e não uma partícula, uma suave progressão de tempo, falsa e arbitrariamente dividida em segundos e minutos, uma única expansão do espaço não dividida por graus ou coordenadas. Atribui-se a Bertrand Russell a seguinte pergunta: será o universo um balde de areia ou uma caçamba de melado? Tendemos a achar o continuum uma ideia melhor do que as entidades discretas, porque o infinitesimal está além do alcance de nossos sentidos. É isso que nos impede de entender os aparentes paradoxos da física quântica? Será uma limitação de nosso aparelho perceptual e cognitivo?

Há uma espécie de desconforto nessa linha de raciocínio. É como se coisas acontecessem bem debaixo do nosso nariz e delas nada soubéssemos. Pior que isso, *não temos como* saber. E ainda mais incômoda é a possibilidade de nunca chegarmos a ter a capacidade de saber. Pode haver limites. Se existem estímulos sensoriais que estão além da nossa percepção, por que não existiriam ideias além da nossa concepção? Já atingimos alguns desses limites? Vamos saber quais são quando os atingirmos? O comediante e filósofo George Carlin observou, com ironia: "Nunca se pode saber com certeza com o que se parece uma área desértica".

LIMITES OFICIAIS

Na ciência existem até agora duas instâncias bem conhecidas nas quais o conhecimento demonstra ter limites. O famoso princípio da incerteza do físico Werner Heisenberg nos diz que, teoricamente, no universo subatômico há limites impostos ao conhecimento — nunca se pode saber ao mesmo tempo a posição e o momentum de uma partícula subatômica (bem como outros pares de parâmetros). Da mesma forma, em matemática, Kurt Gödel, em seus *teoremas de incompletude*, demonstrou que todo sistema lógico complexo o bastante para ser interessante tem de permanecer incompleto. Além desses dois exemplos, em biologia pergunta-se se o cérebro é capaz de entender a si mesmo. Em meteorologia, a turbulência ou o clima podem ser fundamentalmente imprevisíveis de maneiras que ainda não compreendemos. Não sabemos. Eles têm importância? Surpreendentemente, não têm muito efeito em amplos segmentos do empreendimento científico, pelo menos não tanto quanto alguns escritores de mentalidade metafísica gostariam que acreditássemos. Por que não? Vamos examinar mais de perto — para aqueles entre nós que têm uma consciência aguda de nossa ignorância, às vezes é instrutivo constatar como não saber pode não ter importância.

Na esfera das partículas subatômicas, a "incerteza" faz diferença, mas esse é um espaço muito rarefeito, e em geral tem pouco a ver com seres corporais como nós. Mas é um exemplo útil de uma limitação que surgiu inesperadamente e poderia abalar a física. De fato, ela revelou desconhecidos novos e desconhecidos já anteriormente desconhecidos, deu lugar a décadas de avanços frutíferos e imprevistos, e criou problemas estranhos e ainda mais interessantes, que hoje permanecem ativos em áreas ativas de investigação. O entrelaçamento, um dos mais peculiares resultados de todo o louco zoológico da física quântica, surgiu quase diretamente da requerida incerteza revelada por Heisenberg.

O resultado a que Heisenberg chegou não foi fruto de uma simples falta de dispositivo de medição adequado. A questão é que a própria natureza do universo, a dualidade onda-partícula de entidades subatômicas, faz com que essas medições sejam impossíveis, o que prova a validade dessa visão profunda do universo. Algumas coisas fundamentais nunca serão conhecidas com segurança. E o duro fato é que, caso não se consiga medir valores em seu momento inicial, nunca se poderá predizer seu estado futuro. Se não há como medir a posição ou o momentum de uma partícula no tempo zero, então não será possível saber, com certeza absoluta, onde estará a partícula em qualquer tempo futuro. O universo não é determinístico, e sim *probabilístico*; portanto o futuro não pode ser predito com toda a segurança. Mas na prática as probabilidades para coisas que têm massas maiores do que cerca de 10^{-28} gramas aumentam, e tornam-se tão grandes que é bem possível prever como se comportarão — jogadores de beisebol predizem com regularidade a trajetória de esferas de 150 gramas ao longo de cem metros, e se um sapato jogado em você por um jornalista irado está a caminho de sua cabeça vindo da direita, curvar-se para a esquerda é com certeza uma boa aposta. Infelizmente, essa descontinuidade de escala entre o quantum e os mundos inabitados torna muito difícil estimar a incerteza do quantum. Como observaram muitos dos pioneiros da mecânica quântica, esses fenômenos só podem ser compreendidos renunciando-se a qualquer descrição sensorial (ou seja, baseada nos sentidos) do mundo. É muito irônico que os resultados estranhos porém inegáveis da mecânica quântica se baseiem numa rigorosa plataforma matemática, mesmo quando só estão conceitualmente disponíveis em alusões metafóricas como "entrelaçamento" ou o gato de Schrödinger — que está ao mesmo tempo vivo e morto, ou nenhum dos dois. Mas independentemente de você conseguir ou não compreender, é importante saber que a incerteza do quantum, seja lá o que pareça ser, não tem sido uma limitação; ao contrário, gerou mais pesquisa, mais investigação e mais ideias novas. Às vezes, limitações ao conhecimento podem ser muito úteis.

Depois temos o ousado desafio à completude da matemática. O diminuto e despretensioso Gödel começou a incubar suas ideias numa época em que o pensamento científico e filosófico era dominado pelo positivismo, a crença superdimensionada e intelectualmente agressiva de que tudo poderia ser explicado pela observação empírica e lógica, porque o universo, e nele contido, era essencialmente mecanicista. Na matemática, essa ideia foi apresentada sobretudo por David Hilbert, que propôs uma filosofia chamada *formalismo*, a qual buscava descrever toda a matemática como um conjunto de regras, de axiomas lógicos e consistentes — e completos.

Ele não foi o primeiro ou o único grande matemático a ter esse sonho. No século XVII, o filósofo e matemático alemão Gottfried Leibniz, um dos inventores do cálculo integral e diferencial, teve como projeto de vida construir um "alfabeto básico dos pensamentos humanos" que permitiria, com a combinação de pensamentos simples, formar uma ideia complexa, assim como um número limitado de palavras podem ser combinadas interminavelmente para formar qualquer sentença — inclusive sentenças nunca ouvidas ou ditas. Assim, com uns poucos pensamentos simples e primários e as regras de combinação, seria possível gerar — mecanicamente na época de Leibniz, e hoje por computador — quaisquer possíveis pensamentos humanos. A ideia de Leibniz era que esse procedimento permitiria determinar de imediato se um pensamento era verdadeiro, ou valioso ou interessante, da mesma maneira como se podem fazer essas avaliações em relação a uma frase ou a uma equação: está bem formada, faz sentido, é interessante? Leibniz seria o famoso autor da declaração de que toda disputa poderia ser resolvida por meio de cálculos — "Calculemos!", teria exclamado no meio de uma briga de bar. Foi essa obsessão que o teria levado a desenvolver o ramo da matemática hoje conhecido como *combinatória*. Isso, por sua vez, brotou da concepção original de que todas as verdades podem ser deduzidas de um número menor de afirmações primárias ou primitivas, que não podem ser simplificadas, e que das operações matemáticas (Leibniz propôs a multiplicação, mas também a fatoração em números primos) poderiam derivar todos os pensamentos subsequentes. De muitos modos, esse foi o início da lógica moderna; na verdade, muitos consideram seu *De arte combinatoria* o maior passo entre Aristóteles e a lógica moderna, embora o próprio Leibniz nunca tivesse reivindicado tal reconhecimento. Será que foi um tanto ingênuo de sua parte ter proposto que seríamos capazes de pensar sobre qualquer coisa se apenas construíssemos esse pequeno dispositivo de cálculo e puséssemos dentro dele algumas ideias simples? Leibniz parece ter admitido sua ingenuidade ao observar que a ideia, que concebeu aos dezoito anos, o excitara muito "certamente devido a um enlevo juvenil". Não obstante, ele ficou obcecado com o "alfabeto do pensamento" e suas implicações durante toda a vida, e *De arte combinatoria*, que era parte do projeto, introduziu uma poderosa nova matemática.

O interesse para nós, e possivelmente para Leibniz, não é só que essa estrutura, esse dispositivo imaginário, possa construir todos os pensamentos humanos, mas que também seja capaz de identificar e avaliar pensamentos desconhecidos. Poderia investigar não apenas o que sabemos, mas também o que não sabemos. É esse atributo que lhe outorga atratividade, e ele pode de fato conter mais daquilo que não sabemos — assim como provavelmente há mais sentenças não pronunciadas do que todas as que já foram ditas. O poder do alfabeto do pensamento de Leibniz, e da álgebra do pensamento que o faria funcionar, não está em quão bem ele resolveria controvérsias, mas no fato de que demonstrava a infinitude do pensamento humano, a imensidão do desconhecido. A linguagem é útil para aquilo que ela permite ser dito, mas é poderosa porque admite, por sua própria estrutura, que há uma infinidade de coisas que poderiam ser ditas e que sempre haverá mais coisas não ditas do que ditas. O fato de o alfabeto de Leibniz nunca ter sido usado da maneira como sua visão juvenil imaginara é menos importante do que a demonstração de que coisas simples podem ser combinadas para criar infindáveis novas coisas compostas. Estamos desenvolvendo agora ramos totalmente novos da ciência para analisar, gerenciar e manipular essa complexidade.

Duzentos anos depois, o programa positivista de Hilbert foi outra tentativa de codificar o conhecimento, mas acabou condenado ao fracasso pela aparentemente simples ruminação de Kurt Gödel, o matemático austríaco interessado em lógica. Como relata Rebecca Goldstein em seu excelente e detalhado livro sobre Gödel, sua timidez e relutância em fazer grandes pronunciamentos, talvez o oposto do estilo de Hilbert, de início obscureceram o poder explosivo dos teoremas de incompletude. Posteriormente, no entanto, ele despontou na comunidade da matemática com sua tese de que não havia teoria axiomática consistente *e* completa da matemática. Um sistema consistente, como a familiar aritmética de números inteiros e suas operações (adição, subtração etc.), nunca poderia ser completo nem consistente. Consistência refere-se à característica simples e direta de que as regras de um sistema não resultam em afirmações contraditórias — por exemplo, de que duas coisas são e não são iguais. Embora possa parecer fácil, é diabolicamente difícil ter certeza de que algumas afirmações aparentemente simples, em quaisquer dos inúmeros modos possíveis de uso (combinatoriamente, diria Leibniz), não levam a uma conclusão ilógica. A introdução de conceitos aparentemente racionais como "zero" ou "infinito" numa aritmética simples, por exemplo, pode resultar em estranhas incompatibilidades (*antinomias*, assim as chamam os matemáticos). O desafio é demonstrar que, para um sistema específico, os axiomas de raiz, as regras básicas e fundamentais, nunca resultarão em tais incompatibilidades. Demonstrar isso prova que o sistema é *completo*. O que Gödel demonstrou, usando uma estranha nova correspondência entre a matemática e a lógica que ele inventou, foi que, se um sistema fosse consistente, nunca se poderia demonstrar que era completo dentro de suas próprias regras. Isso significa o seguinte: se algo for demonstrado verdadeiro usando-se o sistema, não se pode provar que de fato ele o é. Como as provas são o fundamento da matemática, é bem curioso que afirmações obviamente verdadeiras não possam ser provadas. A matemática é complicada — complicação essa que vai além do escopo deste livro —, mas a essência disso pode ser apreciada quando consideramos qualquer um dos diversos paradoxos que retorcem nosso cérebro de maneiras desagradáveis. O mais famoso deles é o paradoxo do cretino, também conhecido como paradoxo do mentiroso. Trata-se de uma afirmação como: "Os cretinos alegam que todos os cretinos são mentirosos". Assim, em quem você vai acreditar? Outra versão diz respeito a escrever, num dos lado de um cartão em branco, a frase "A afirmação que está do outro lado deste cartão é verdadeira". Do outro lado, a frase é "A afirmação que está do outro lado deste cartão é falsa". Esses pequenos jogos mentais tornaram-se para Gödel a base de uma nova forma de lógica, que ele usou para demonstrar que em muitas circunstâncias não somos capazes de dizer a verdade nem a nós mesmos.

Esse seria o fim do messiânico programa de estabelecer a primazia da matemática e do pensamento lógico? Como acabou se revelando, aconteceu exatamente o contrário. A comparativamente pequena porém revolucionária proposição de Gödel é espantosa devido às oportunidades de pesquisa técnica e filosófica que criou. Ideias que antes não eram consideradas, sobre recursividade, paradoxo, algoritmos e até mesmo consciência, devem seus fundamentos às ideias de Gödel sobre incompletude. O que no início parece ser uma negação — uma eterna incompletude — torna-se frutífero além de toda imaginação. Talvez paradoxalmente, grande parte da ciência da computação, área que se poderia pensar mais dependente de afirmações empíricas de uma lógica irrepreensível, não poderia ter progredido sem as seminais ideias de Gödel. De fato, incognoscibilidade e incompletude são as melhores coisas que já aconteceram à ciência.

Assim, nunca poderemos saber algumas coisas, e, veja só, isso não importa. Não podemos saber o valor exato de pi. Isso tem pouco efeito prático na geometria. Como ressalta o astrofísico Piet Hut, de Princeton, os primeiros pitagóricos tiveram de interromper seu caminho quando se deram conta de que a raiz quadrada de 2 não podia ser representada com exatidão na linha numérica, o continuum que traduz os números resultantes de uma contagem contínua, com uma passagem suave e indivisível de um para outro. Não é possível dividir essa linha no ponto correspondente a $\sqrt{2}$ e ter duas linhas que se podem juntar para obter a linha antiga. É muito perturbador que o valor do comprimento da hipotenusa de um simples triângulo retângulo, no qual cada cateto é igual a 1, não tenha lugar em qualquer ponto da linha numérica que vai de menos infinito a mais infinito. Existe, porém, uma experiência muito forte relacionada a esse aparente paradoxo. Uma história tradicional, embora possivelmente apócrifa, conta que um dos pitagóricos, Hipaso, depois de demonstrar sua prova dessa estranha e, na época, herética descoberta, foi afogado por seus colegas pitagóricos. Essa foi sem dúvida uma consequência infeliz de se obter uma resposta correta; a matemática, assim parece, era muito mais rígida naquela época. Com o tempo os matemáticos desenvolveram um modo de contornar a questão. Constata-se que existem outros números como $\sqrt{2}$, os chamados *números irracionais* — não porque não sejam racionais, mas porque não podem ser expressos como frações, isto é, como uma razão, uma relação entre dois outros números. Os números irracionais, junto com os números racionais — que têm, cada um, sua localização na linha numérica —, formam o que hoje chamamos de conjunto dos números *reais*. Agora podemos trabalhar com eles mais ou menos como faríamos com os números racionais ("normais") e ninguém se preocupa mais com isso. Você não se preocupa, não é mesmo? Provavelmente nem lhe ocorreu.

Temos agora um insight importante: o problema do incognoscível, e mesmo do que realmente é impossível conhecer, pode não ser um obstáculo sério. O incognoscível pode, ele mesmo, transformar-se num fato. Pode servir de portal para um conhecimento mais profundo. E, mais importante, ele decerto não interferiu na produção da ignorância e, portanto, do programa científico. Ao contrário, a simples noção de incompletude ou incerteza deveria ser considerada o arauto da ciência.

Isso leva a um segundo insight concernente à ignorância. Se a ignorância, até mais do que os dados, impulsiona a ciência, ela requer a mesma medida de cuidado e de pensamento concedida aos dados. Seja lá como o estamento científico possa parecer visto de fora, o gerenciamento incorreto da ignorância tem consequências muito mais sérias do que arruinar os dados. Para um mau uso dos dados existem procedimentos de correção — precisam ser replicáveis, precisam responder ao escrutínio dos pares —, mas o mau uso da ignorância pode custar caro, é mais difícil de perceber e, portanto, mais difícil de corrigir.

Quando a ignorância é manipulada incorreta ou desavisadamente, em vez de libertadora, ela pode ser limitadora.

Os cientistas usam a ignorância para programar seu trabalho, para identificar o que deve ser feito, estabelecer os próximos passos, determinar onde concentrar suas energias. Claro que não há nada errado em esquematizar o que se precisa saber — é isso que as propostas de subvenção supostamente propiciam. Mas como diria qualquer cientista atuante, com frequência o que se propõe para obter subvenção e o que é de fato realizado ao longo do período de financiamento não coincidem. Falo por minha própria experiência, mas é uma experiência rotineira. Acontecem coisas, ou não, que redirecionam seu pensamento; trabalhos de outros laboratórios revelam um novo resultado, o qual requer que você reveja suas ideias; os resultados de seus próprios experimentos não são os que você esperava e o obrigam a novas interpretações e a novas estratégias. Os objetivos podem permanecer semelhantes, mas o caminho para chegar a eles muda porque a ignorância se transforma. Uma vez Thomas Huxley deplorou a grande tragédia da ciência como sendo o assassínio de uma bela hipótese por um fato feio — porém nada é mais importante do que reconhecer isso também. Sofra e siga em frente.

A ignorância, portanto, tem a ver com o futuro; é um palpite indicando onde deveríamos estar catando dados. A maneira como se formam esses palpites pode nos ensinar algo sobre o gerenciamento da ignorância? Como é que essa visão de futuro direciona o pensamento científico?

4. Imprevisível

Quem dentre nós não ficaria feliz de erguer o véu atrás do qual se esconde o futuro; de olhar para os próximos desenvolvimentos de nossa ciência e para os segredos de seu desenvolvimento nos séculos ainda por vir?

David Hilbert, introdução a seu discurso no Segundo Congresso Internacional de Matemáticos, realizado em Paris em 1900

O futuro não é o que costumava ser.

Yogi Berra, americano, filósofo, jogador e treinador de beisebol

As previsões na ciência podem ser de dois tipos. Um diz respeito ao rumo que ela vai seguir. O outro, igualmente importante para sua mecânica diária, se não mais, é sobre a capacidade dos cientistas de fazer previsões passíveis de serem testadas. Um experimento é projetado para testar um princípio do modo mais genérico possível, mesmo que quase sempre se refira a apenas uma instância específica daquele princípio. Assim, um químico quer testar a validade de uma reação entre dois elementos sob certas condições e projeta um experimento no qual se juntam esses dois elementos, e o resultado da interação entre eles pode ser mensurado — quanto calor é gerado, quais novas moléculas surgiram, o que resta do material original e assim por diante. Ao fazer isso, o cientista espera sugerir uma regra geral para esse tipo de reação, de modo que numa ampla margem de especificidades (a quantidade de material com que se começa, as condições iniciais etc.) qualquer um seja capaz de predizer o resultado. Se um resultado pode ser previsto de modo confiável com base num volume limitado de informação inicial, é sinal que adquirimos a compreensão de um princípio subjacente, das regras que governam este pedacinho do universo. Um conjunto específico de genes prevê a provável cor de nosso cabelo ou olhos; dois corpos massivos a certa distância um do outro orbitarão um ao outro numa determinada periodicidade. Todas essas são situações nas quais o conhecimento do mecanismo subjacente permite fazer previsões confiáveis quanto aos resultados. Na ciência, predizer é saber.

Não é necessário repetir que o foco específico deste livro não é o quanto sabemos, e é por isso que vou me concentrar no outro lado da previsão em ciência. Com isso estou me referindo ao tipo de previsão que Hilbert tinha em mente quando abriu o Congresso de Matemáticos em 1900 com a declaração que serve de epígrafe a este capítulo: vislumbrar aonde a ciência nos levará, que mistérios ela nos apresentará, imaginar o futuro.

Predizer os avanços científicos e tecnológicos é um exercício comum e tolo, com frequência promovido por revistas cujos editores consideram tal prática um requisito para as edições de fim de ano, década ou milênio. Entrevistam cientistas e lhes perguntam quais os prováveis avanços em seus campos na década seguinte ou algo parecido. Por constituírem um grupo geralmente otimista, ao menos da boca para fora, os entrevistados tendem a atacar essas questões com entusiasmo, invariavelmente fazendo prognósticos inflados, oriundos da lista de desejos fantasiosos que todo cientista guarda na gaveta. Um desabrido arrebatamento com o progresso científico é bom para as relações públicas, mas ruim para a ciência. As coisas nunca transcorrem como achamos que vão transcorrer; sempre há descobertas inesperadas e consequências capazes de redirecionar ou até mesmo entravar um campo durante anos.

Na verdade, uma das coisas mais previsíveis quanto a previsões é a frequência com que estão erradas. Não obstante, são uma medida, embora um tanto imprecisa, de nossa ignorância. São um catálogo do que julgamos importante quanto à ignorância, e talvez também uma avaliação de qual ignorância consideramos mais solucionável. David Hilbert foi provavelmente o mais bem-sucedido nesse jogo. Na fala que se seguiu ao comentário de abertura do congresso, ele destacou 23 problemas cruciais para a matemática resolver no século seguinte. Esses problemas, agora conhecidos por seu epônimo, *problemas Hilbert*, dominaram a pesquisa matemática durante o século xx. Hilbert fez prognósticos bem-sucedidos porque virou a mesa com inteligência: suas previsões eram perguntas. Tratava-se de um verdadeiro catálogo da ignorância porque simplesmente apresentava o que era desconhecido e sugeria que era ali que os matemáticos deveriam ter a sensatez de se ater. O resultado é que pouco mais de um século depois, dez dos 23 problemas tinham sido resolvidos de modo consensual e satisfatório, ao passo que os outros foram parcialmente resolvidos, ou não resolvidos, ou hoje considerados irresolvíveis.

Assim, a estratégia de Hilbert, e faríamos bem em aprender com ela, era predizer ignorância, e não respostas. Ele não concebeu uma linha do tempo ao longo da qual os problemas poderiam ser resolvidos, nem mesmo se seriam resolvidos, mas assim mesmo poucos matemáticos discordariam de que o pequeno discurso de Hilbert em agosto de 1900 foi uma influência positiva na matemática e efetivamente estabeleceu grande parte da agenda desse campo por mais de cem anos.

Quando praticada desse modo, a previsão do progresso científico se torna mais do que um mero exercício porque encontra um caminho para fazer política na ciência, onde se podem obter efeitos positivos ou negativos na determinação de como aplicar recursos limitados em pesquisa. Por isso é importante ser cuidadoso com a ignorância, não menos do que com os fatos. Com certeza é reconfortante, quando se orçam bilhões para a pesquisa científica, acreditar que existe um programa racional que pode ser mapeado e percorrido para produzir algum conjunto de resultados desejados, ou pelo menos alguma coisa que possa ser chamada de progresso. Mas essa é uma falsa certeza, baseada em avaliações não confiáveis da ignorância. É difícil prever o que acontecerá e o que não acontecerá. Não estamos voando com propulsores a jato individuais, nem usando roupas descartáveis, nem jantando nutrientes concentrados embalados em papel-alumínio, e não erradicamos a malária nem o câncer — tudo isso previsto, anos atrás, como provável. Mas temos uma internet que conecta o mundo inteiro, e temos uma pílula que provoca ereção sob demanda, e não vamos encontrar nada disso no conjunto de previsões publicadas há cinquenta ou mesmo há 25 anos. Como observou Enrico Fermi, previsões são um negócio arriscado, sobretudo quando dizem respeito ao futuro.

Então, como deveríamos estabelecer nossos objetivos científicos? Refletindo sobre a ignorância e sobre como fazê-la *crescer*, e não encolher — em outras palavras, alterando o horizonte. Prever ou visar a algum avanço específico é menos útil do que mirar numa compreensão mais profunda. Ora, isso pode parecer muita elucubração e perda de tempo, porém é quase sempre assim que a maioria dos grandes avanços na ciência e na tecnologia vem ocorrendo. Escavamos mais fundo em mecanismos fundamentais e só então fica claro como fazer as aplicações. Quer se trate de lasers, raios X, ressonância magnética ou antibióticos, as aplicações são surpreendentemente óbvias, uma vez que compreendemos o que é fundamental. Sem essa compreensão, elas serão apenas tiros no escuro.

Tomemos um exemplo. Em 1928 o eminente físico Paul Dirac tentava descrever o elétron nos termos da mecânica quântica. Ele derivou o que se tornou conhecido como a *equação de Dirac*, uma formulação matemática bastante complexa que nem você (a menos que seja um físico experimentado) nem eu somos capazes de entender. O que podemos compreender é que, conquanto a equação tenha preenchido algumas lacunas fundamentais na teoria nuclear, ela também suscitou muitas e sérias questões novas — algumas das quais ainda vigentes. Uma delas era que a equação previa um antielétron, uma partícula com todas as propriedades do elétron mas com carga contrária — um pósitron. Jamais alguém havia visto essa partícula em nenhum experimento, e o próprio Dirac expressou dúvidas quanto a tal partícula poder vir a ser observada. Mas de acordo com seus cálculos, que explicavam muita coisa, ela decerto estava lá. Foi esse vislumbre de uma ignorância que desencadeou novos experimentos, e em 1932, empregando uma tecnologia conhecida como "câmara de nuvens" (mais tarde, "câmara de bolhas"), o físico Carl Anderson observou o rastro criado em sua câmara por um pósitron, descobrindo assim o que Dirac previra quatro anos antes. Se perguntássemos a Dirac ou a Anderson quais as possíveis aplicações de seus estudos, eles certamente teriam dito que sua pesquisa visava simplesmente compreender a natureza fundamental da matéria e da energia no universo, que aplicações eram improváveis e certamente nenhum deles estava interessado nisso. Não obstante, no final da década de 1970, biofísicos e engenheiros desenvolveram o primeiro escâner PET, iniciais de *positron emission tomography* [tomografia por emissão de pósitrons]. Sim, *aquele* pósitron. Cerca de quarenta anos depois de Dirac e Anderson, o pósitron veio a ser usado em um dos mais importantes instrumentos de diagnóstico e pesquisa da medicina moderna. Claro que nisso entrou também muita pesquisa adicional, mas só parte dela foi direcionada especificamente para essa máquina. Métodos de tomografia, uma técnica para obtenção de imagem, alguma química nova para preparar soluções que produzam pósitrons, avanços na tecnologia e programação de computadores — tudo isso levou da forma mais indireta e fundamentalmente imprevisível ao escâner de tomografia computadorizada que você vê nos hospitais. A questão é que essa finalidade nunca poderia ter sido imaginada nem mesmo por um sujeito inteligente como Paul Dirac.

O problema com a dicotomia entre a pesquisa básica e a aplicada é que ela é fundamentalmente falsa — e é por isso que nunca parece resolvida, e ficamos oscilando interminavelmente a favor de uma ou de outra, como se fossem duas coisas e não um só esforço de pesquisa. Ir atrás da ignorância costuma produzir invenções maravilhosas. Mas a tentativa de tomar atalhos, provocar um curto-circuito no processo indo diretamente à aplicação, raramente produz algo de valor. Temos, como exemplo, o enorme volume de trabalho despendido na tentativa de fazer computadores conversarem, como se isso não passasse de um problema de programação e não fosse uma profunda questão da neurociência cognitiva. Onde está, temos de nos perguntar, a fonte das invenções — seja dos Edisons, seja dos Einsteins? Se tivéssemos escolha, íamos querer ter mais Edisons ou mais Einsteins? Edison foi um grande inventor, mas sem a compreensão da eletricidade que veio dos experimentos básicos de Faraday e sem formulações matemáticas ele não teria feito nada do que fez. Nem sequer teria pensado em fazer nada do que fez. Verdade, frequentemente é preciso haver um Edison para fazer alguma coisa com o conhecimento puro de Faraday ou de Einstein, mas carros na frente dos bois não levam a lugar nenhum. Faraday, a propósito, não fazia ideia da utilidade da eletricidade, e respondeu a uma pergunta sobre o possível uso de campos eletromagnéticos com a réplica: "Para que serve um bebê recém-nascido?". Essa frase, aparentemente, ele tomou emprestada de ninguém menos que Benjamin Franklin, o primeiro a fazer essa analogia quando respondeu a alguém que lhe perguntou de que serviria voar, após testemunhar a primeira demonstração de balões de ar quente. Pessoas que querem saber para que serve alguma coisa raramente parecem ter muita imaginação.

As edições de revistas que publicam previsões têm preferência pela enumeração — "Os cinquenta maiores avanços para os próximos cinquenta anos", ou "Os dez maiores enigmas da ciência". Essa também é uma abordagem sutilmente perigosa. Estou certo de que aqueles que preparam esses artigos não têm intenção de causar algum mal, porém enumerar a ignorância dessa maneira é fazer-nos acreditar que podemos enxergar esse horizonte, que podemos chegar lá, que ele não vai retroceder infinitamente, e que há um número finito de problemas científicos a resolver e então é assim que vai ser e podemos continuar com a placidamente utópica saga da humanidade. A enumeração, nesse caso, põe limites onde não existe nenhum e, pior, nos impele a direcionar a ciência para objetivos falsos que frequentemente são inatingíveis e acabam sendo um desperdício de dinheiro e outros recursos. A enumeração leva à priorização — a alternativa contábil à criatividade.

Existe também certa noção conclusiva, mas errada, que provém de um número explícito. De maneira peculiar, é uma finalização, não um começo. Uma receita para terminar, não para continuar. Poderíamos dizer que os "23 problemas" de Hilbert sofrem um pouco disso, mas talvez seja da natureza dos matemáticos enumerar coisas, inclusive a própria ignorância. Para o resto da ciência parece mais sensato não enumerar com tanta precisão, e sim aprender a importante lição de que prever ignorância, não realizações, é mais frutífero — e menos passível de erros.

A ignorância funciona como um motor porque é virtualmente ilimitada, e isso faz a ciência ser muito mais expansiva. Esse não é um pleito por uma ciência ilimitada; é bem possível que um dia tudo chegue a um término, por motivo econômico, social ou intelectual. É, sim, um argumento em prol da ideia de que enquanto fazemos ciência é melhor considerá-la ilimitada em todas as direções, de modo que a descoberta pode vir de qualquer lugar. É melhor não ser judicioso demais no que concerne ao progresso.

Contudo, isto não quer dizer que deveríamos simplesmente nos deixar levar pelos impulsos e esperar pelo melhor. A ignorância não é só uma desculpa para um mau planejamento. Temos de pensar como a ignorância funciona, e deixar claro como fazê-la funcionar em nosso benefício. Para muitos cientistas experientes isso é intuitivo, mas não é tão óbvio para o leigo e parece não estar evidente para jovens cientistas em início de carreira, preocupados em ter o suporte de subvenções e estabilidade. Vou tentar analisar a ignorância mais profundamente.

5. A qualidade da ignorância

Podemos concluir, com base nesses argumentos simples e diretos, que a ignorância não é um conceito tão simples. Em seu emprego menos pejorativo, o termo descreve um estado produtivo de erudição, experimentação e criação de hipóteses. É o começo do processo científico — e ao mesmo tempo seu resultado. É o começo, é evidente, porque levanta a questão primordial. "É sempre aconselhável perceber com clareza nossa ignorância", disse há muito tempo Charles Darwin no livro *A expressão das emoções no homem e nos animais*. A ignorância de um assunto é a força motivadora. No início, é praticamente tudo que não sabemos. Se considerada insuficientemente, é problemática. Apenas dizer que não sabemos algo não é crucial ou ponderado o bastante. Pode suscitar questões grandes demais, ou amorfas demais, ou difíceis demais para se cogitar resolvê-las. Uma ignorância rigorosamente consciente é, como a tinha Maxwell, o prelúdio da descoberta.

É, também, o produto da ciência. Embora não seja seu objetivo explícito, a melhor ciência pode de fato ser vista como um refino da ignorância. Cientistas, sobretudo os jovens, podem ficar embasbacados com os resultados. A sociedade alimenta essa louca perseguição. Grandes descobertas são divulgadas pela mídia, aparecem na página da universidade, conquistam prêmios, ajudam a obter subvenções e são fatores de promoções e estabilidade. Mas isso está errado. Grandes cientistas, os pioneiros que admiramos, não estão preocupados com resultados e sim com as próximas perguntas. O eminente físico Enrico Fermi dizia a seus estudantes que um experimento, ao provar com sucesso uma hipótese, é um feito; o que não prova, é uma descoberta. Uma descoberta, uma revelação — de uma nova ignorância.

O prêmio Nobel, pináculo da realização científica, é outorgado não por causa de uma vida inteira de realizações científicas, mas por uma única descoberta, um resultado. Mesmo o comitê do Nobel se dá conta de que esse não é realmente o espírito da ciência, e seus anúncios de premiação costumam homenagear a descoberta por ter "aberto um campo", "transformado um campo" ou por ter "conduzido um campo a novas e inesperadas direções". Tudo isso quer dizer que a descoberta criou mais, e melhor, ignorância. David Gross, em seu discurso de aceitação do prêmio Nobel de física (2004), observou que os dois requisitos para a continuação dos prêmios Nobel eram dinheiro, gentilmente fornecido pelo legado de Alfred Nobel, e ignorância, atualmente bem suprida por cientistas.

Muito bem, então estamos convencidos de que a ignorância merece ser levada a sério. Mas como é que os cientistas trabalham, efetiva e especificamente, com ela? Como é que isso transparece em sua lida diária ou no modo como organizam os laboratórios e planejam experimentos? Antes de mais nada, é preciso reconhecer que a ignorância, como muitas palavras grandes e significativas, não descreve a amplidão do que expressa — ou melhor, descreve apenas a amplidão, omitindo os muitos detalhes que existem em suas profundezas. A ignorância vem em muitas versões e sabores, e existem muitas maneiras de trabalhar com ela. Existe ignorância de baixa qualidade e de alta qualidade. Cientistas argumentam sobre isso o tempo todo. Às vezes esses argumentos chamam-se propostas de subvenção; às vezes são conversas informais. Sempre são sérios. Decisões sobre a ignorância podem ser as mais cruciais para um cientista.

Talvez a primeira coisa a se considerar é como decidir, contra o enorme pano de fundo do desconhecido, qual parte específica daquela escuridão o pesquisador vai habitar. Meu laboratório trabalha com o olfato, o sentido do cheiro. Este é um pequeno subcampo dentro do campo maior dos sistemas sensoriais, que inclui visão, audição, tato, paladar e dor. "Sistemas sensoriais" formam um subcampo dentro da grande disciplina da neurobiologia, o estudo dos sistemas nervosos. E isso, por sua vez, é só uma área de investigação dentro do domínio conhecido como biologia, que abrange ecologia, evolução, genética, fisiologia, anatomia, zoologia, botânica, bioquímica etc. A Sociedade para a Neurociência, que representa profissionais em todos os campos da neurociência, alardeia ter mais de 40 mil membros e realiza um encontro anual ao qual comparecem mais de 30 mil cientistas e educadores. Como é que todos esses cientistas se organizam? Por que não trabalham todos na mesma coisa ou em algumas delas — memória, esquizofrenia, paralisia, acidente vascular cerebral ou desenvolvimento? Não são essas as grandes questões da neurociência? Não são esses os temas "quentes" apresentados em documentários na televisão aberta ou a cabo?

Como é que os cientistas, em oposição a produtores de tv, consideram essas grandes questões concernentes à ignorância? Como partem dessas e de outras interessantes e importantes questões para um efetivo programa de pesquisa? Bem, para o nível mais prosaico, mas assim mesmo capital, há os pedidos de subvenção. Todo cientista passa um significativo percentual de seu tempo escrevendo pedidos de subvenção. Muitos reclamam, mas eu de fato penso que é uma coisa produtiva. Esses documentos são, afinal, uma declaração detalhada daquilo que os cientistas esperam saber mas não sabem, assim como um plano rudimentar para eventuais descobertas. Os cientistas escrevem pedidos de subvenção que são revistos por outros cientistas, que por sua vez trabalham sem remuneração em conselhos governamentais, recomendando as melhores propostas. Esses requerimentos, que se contam em milhares por ano, representam um virtual mercado de ignorância. Imagine ser agraciado com um prêmio pelo que você não sabe: "Aqui está algum dinheiro pelo que você não sabe". Qualquer outra pessoa no mundo está sendo paga pelo que sabe — ou alega saber. Mas cientistas são remunerados por sua ignorância. Se o caso é esse, então a bolsa não pode contemplar nenhuma ignorância antiga. Tem de ser uma ignorância realmente boa. É preciso tornar-se um especialista, uma espécie de connoisseur da ignorância. Em sua caracterização mais rude, isso poderia ser chamado de subvencionismo. Mas seria injusto. A arte de requisitar subvenção, de escrever sobre a ignorância, com autoridade, não é trivial.

Como alguém chega a ser um connoisseur da ignorância? Há numerosas estratégias, e vou enumerar e descrever algumas delas. Para ser honesto, no entanto, essa é muitas vezes uma questão de intuição e gosto. Como se verá, questões podem ser tratáveis ou intratáveis, interessantes ou comuns, estreitas ou amplas, focadas ou difusas — e qualquer uma de todas as combinações possíveis desses atributos. Não existe um Método da Ignorância único. Eu bem que gostaria de oferecer um Manual da Ignorância simples, mas não consigo ser prescritivo. Uma das coisas surpreendentes que aprendi ao dar aulas sobre ignorância é que a ciência é notavelmente idiossincrática. Cientistas, embora ligados por algu-

mas regras cruciais sobre o que será aceitável, adotam abordagens bem distintas de como fazer seu trabalho. Assim, o que lhes
apresento é um pot-pourri da ignorância, uma Multiplicidade da
Ignorância. Às vezes as estratégias vão parecer conflitantes, uma
em desacordo com a seguinte e a precedente, mas na realidade é
assim mesmo. Existem muitas estratégias da ignorância. Aprendi
a apreciar essa riqueza, mas entendo que pode ser desnorteante
num primeiro momento. Vamos a elas.

AS MUITAS MANIFESTAÇÕES DA IGNORÂNCIA

Vamos começar com uma pergunta: o que faz uma questão ser "interessante"? Os matemáticos dizem que esta ou aquela
conjectura está correta mas não é interessante. Quando pergun-
to a Maria Chudnovsky, matemática da Universidade Columbia
que trabalha numa área muito especializada chamada Teoria dos
Grafos Perfeitos, ela diz que uma questão é interessante se leva
a algum lugar e está conectada a outras questões. Alguma coisa pode ser desconhecida, e você a testa um pouco, mas depois
verá, em geral bem rapidamente, que não está muito conectada a
outras coisas desconhecidas, e, portanto, não é provável que seja
interessante ou que valha a pena investigar. Se você estiver num
projeto e nada do que outra pessoa esteja fazendo ou tenha feito
seja útil para seu trabalho, você começa a pensar que talvez se
encontre em algum beco sem saída da irrelevância. Isso acontece frequentemente com estudantes de pós-graduação. Começam
um projeto com uma questão que em geral nunca foi abordada
ou que recebeu pouca atenção. Mas os dados parecem não levar
a lugar algum, continuam provando repetidamente a mesma pequena coisa, e depois só lhes resta abandonar o projeto. Assim, a
conectividade parece ser uma qualidade importante.

Por outro lado, a biologia está cheia de pessoas que trabalham em espécies de organismos pouco conhecidos, de vírus a mamíferos, que têm um estilo de vida peculiar, o qual essas pessoas acham imensamente interessante, talvez porque não esteja de nenhuma maneira óbvia conectado à linha dominante da biologia. Às vezes esses aparentes becos sem saída se tornam parte dessa corrente de modo muito inesperado, conectando-se subitamente com o ramo principal e suscitando uma nova compreensão de questões que ninguém sequer pensara em colocar. Às vezes eles continuam sendo becos sem saída. A frequência é a mesma. Mas como Charles Darwin e seus vermes, a curiosidade do biólogo é suficiente para que ele passe a vida estudando a fundo os detalhes da história de vida de outra criatura. Esse tipo de trabalho exige certa crença de que algum dia ele significará alguma coisa. Ou talvez exija apenas uma atitude de "deixar rolar", de que nem tudo precisa significar alguma coisa.

Um exemplo de pesquisa movida pela curiosidade que imprevisivelmente produziu uma das ferramentas fundamentais da revolução biotecnológica é o estudo dos *termófilos*, palavra cujo significado literal é "que gosta de calor". Uma palavra maravilhosa. Não consigo deixar de pensar nela quando passo por uma praia no sul da Flórida e vejo hordas de pessoas deitadas, expostas à radiação, arriscando-se a ter melanoma e rugas, e amando tudo aquilo. Mas os termófilos reais da natureza florescem no inferno das quase ferventes, sulfurosas aberturas de escape no mar profundo, e nas quentes fontes sulfurosas do Parque Nacional de Yellowstone. Foi ali que foram descobertos pela primeira vez na década de 1960 pelo microbiologista Thomas Brock, da Universidade de Indiana, e por um estudante de graduação de seu laboratório chamado Hudson Freeze (não estou inventando isso). Esses micro-organismos, no início uma esquisitice, tornaram-se subitamente importantes porque suas enzimas tinham se adaptado às altas temperaturas de seu nicho, temperaturas que provocariam a desintegração das enzimas em nosso corpo. Então, trinta anos mais tarde, na década de 1990, enzimas resistentes a altas temperaturas tornaram-se necessárias para a reação em cadeia da polimerase, mais comumente conhecida como PCR [Polymerase Chain Reaction, em inglês], técnica fundamental na maioria dos experimentos em biotecnologia e presença ubíqua em investigações forenses na cena do crime. A PCR funciona passando por um ciclo de temperaturas que variam de 40°C a 98°C (aproximadamente da temperatura do corpo à da fervura da água) e requer enzimas que resistam, e funcionem, nessas altas temperaturas. Reiterando, uma pesquisa aparentemente isolada, encetada apenas pela curiosidade, veio desempenhar um papel crucial mas totalmente imprevisível na descoberta e na invenção de novas tecnologias e novos produtos.

Aqui vão outras maneiras como os cientistas abordam a ignorância, mas sem nenhuma ordem específica, porque nenhuma ordem específica se apresenta. Ou porque, para dizer a verdade, não há uma ordem que seja específica. São todas mais ou menos equivalentes.

Uma das maneiras é ver a ignorância através da lente que o imunologista prêmio Nobel Peter Medawar chamou de "A arte do solucionável". Medawar alega que a simples demonstração de que algo é possível pode ser motivo suficiente para se trabalhar nisso e progredir. Seu trabalho vencedor do Nobel foi a demonstração de que o sistema imunológico é capaz de distinguir a si mesmo de outro sistema, em todos seus tecidos, e como isso ocorre. Por ter explicado a base biológica para o conhecido fenômeno da rejeição de órgãos, Medawar é frequentemente creditado como aquele que possibilitou o transplante de órgãos. Medawar, no entanto, declina desse crédito, dizendo que apenas demonstrou que em princípio isso não era impossível — e que bastava descobrir um meio de enganar o sistema imunológico para que este aceitasse o "outro" como se fosse ele mesmo. Assim, apenas demonstrar que algo é solucionável já é uma estratégia. Que tipos de ignorância somos capazes de eliminar? Quais as perguntas que aparentemente podem ser respondidas? Afinal, não faz sentido ficar batendo com a cabeça na parede; por que não se dedicar a alguma coisa tratável?

Há uma história que muitos de nós contamos aos estudantes de pós-graduação. Um cientista procura algo na calçada debaixo de um lampião de rua, tarde da noite. Um homem passa e lhe pergunta o que ele perdeu. "As chaves do carro", diz o cientista, e o prestativo camarada o ajuda a procurar. Após algum tempo, e sem resultados, o estranho pergunta se o cientista tinha certeza de que deixara cair as chaves ali. "Não, acho que provavelmente foi ali", responde o pesquisador, apontando para um trecho escuro da rua. "Então por que está procurando aqui?", quis saber o homem. "Bem", diz o sagaz cientista, "a luz aqui é muito melhor." Essa história é frequentemente contada de modo a fazer esse protagonista parecer ridículo (na verdade, em algumas versões ele não é um cientista, e sim um bêbado, ou talvez um cientista bêbado), mas creio que é exatamente o oposto. Uma estratégia muito decorosa na ciência é procurar onde existe uma boa probabilidade de encontrar alguma coisa, qualquer coisa. A lição aqui é reconhecer o valor do que é observável e deixar o imensurável para mais tarde. Seja como for, se você estiver bêbado é melhor não encontrar as chaves do carro.

Uma estratégia quase oposta pode ser resumida na parábola que dá início a este livro: É muito difícil achar um gato preto num quarto escuro, especialmente quando não há nenhum gato. Trata-se de ignorância movida por profundos mistérios. Alguém entra no quarto e fica tropeçando; o gato preto, segundo consta, está lá, mas ninguém esteve face a face com ele, e os relatos são pouco confiáveis. Na ciência há por toda parte quartos escuros completamente vazios, cada um representando carreiras que, no todo ou em parte, se dedicaram à descoberta de um fato importante mas não muito satisfatório. Certos indícios são seguidos, ideias e teorias aparentemente boas são perseguidas, para no fim se descobrir que lamentavelmente estavam erradas, fundamentalmente incorretas. Esse é o medo de todo cientista. Mas também é o que o move, o que o excita e o leva bem cedinho ao laboratório, mantendo-o lá até tarde. É também um lado da ciência que a maioria dos não cientistas não percebe.

Isso acontece porque confiamos muito no jornal ou na TV para nos informar do que ocorre na ciência, justo onde nos apresentam apenas os gatos pretos que foram encontrados. Raramente ouvimos falar das buscas, sobretudo das malsucedidas ou das não muito bem-sucedidas. Os relatos da zona fronteiriça entre o sucesso e o insucesso infelizmente são "melhorados" ao se ressaltarem as descobertas e se ignorar o processo — ignorar a ignorância, a bem dizer.

Digo que isso é infausto porque tem dois efeitos indesejáveis. Primeiro, faz com que a ciência pareça inacessível, pois como é que poderíamos acompanhar o permanente fluir de fatos novos? (Basta lembrar dos cinco exabytes de informação nova em 2002, e do 1 milhão de novas publicações científicas em 2011.) Segundo, dá a falsa impressão de que a ciência é um método deliberado e infalível, firme como uma rocha, de descobrir coisas e fazer coisas acontecerem, quando na verdade o processo é mais frágil do que se possa imaginar, e exige mais cuidados e mais paciência (e mais dinheiro) do que comumente pensamos. Einstein, quando lhe perguntaram por que a ciência moderna parecia florescer no Ocidente e não na Índia ou na China (naquele momento da história, isso em grande parte era verdade), observou que o que o intrigava era que a ciência acontecesse no Ocidente, e não na Índia ou na China. Ciência é um negócio arriscado. Esse é o motivo pelo qual alguns cientistas escolhem as questões mais tratáveis; outros, porém, consideram que o risco é o que faz valer a pena.

No entanto, mais uma vez, temos o outro lado da moeda. Diante de gatos pretos que podem ou não estar no quarto escuro, alguns cientistas se contentam em medir o quarto — dimensão, temperatura, idade, composição, localização —, de certo modo esquecendo, ou ignorando, o gato. Talvez isso soe ao leitor como acanhamento, como uma preocupação com o trivial e não com o extraordinário, mas na verdade a medição é fundamental para o avanço da ciência. Muito do que temos de bom e valioso se originou desse tipo de atividade científica cotidiana. Muitos dos confortos da vida moderna, sem mencionar a melhora em relação às penúrias que sofriam nossos antepassados, vieram do trabalho de cientistas que fizeram essas medições. Kepler passou seis anos batalhando com um erro de oito minutos no arco do movimento planetário de Marte (corresponde a um pedaço de céu mais ou menos equivalente a um terço da largura de um polegar observado de uma distância igual ao comprimento do braço). Mas o resultado desse zelo com a medição e a exatidão foi que ele liberou a astronomia da tirania platônica do círculo perfeito e demonstrou que os planetas se movem em torno do Sol em órbitas elípticas. Newton jamais teria compreendido movimento e gravitação se esse avanço crucial não estivesse diante dele. Avanços nas técnicas de medição quase sempre precedem novas e importantes descobertas. Fatos que parecem confirmados quando medidos com cinco casas decimais tornam-se duvidosos com seis ou mais. A vontade de medir com mais exatidão impulsiona a tecnologia e a inovação, resultando em novos microscópios com mais resolução, novos aceleradores de partículas com mais potência de impacto, novos detectores com mais capacidade de captação, novos telescópios com maior alcance. E cada um desses avanços, cada qual por sua vez, faz com que a busca por gatos pretos seja mais exequível. A ignorância de uma casa decimal é uma fronteira científica — não menos importante que a teorização sobre a natureza da consciência ou outras "grandes" questões.

A ignorância na própria área profissional é a mais difícil de identificar. As revistas *Nature* e *Science* são publicadas toda semana e trazem relatos considerados de uma significância especialmente elevada. Ter um trabalho publicado em uma dessas revistas é a versão, na ciência, de ganhar um papel de protagonista ou receber uma bolada. Para muitos, isso pode representar uma carreira, ou ao menos começar uma com o pé direito. Toda semana, estudantes de doutorado e pós-doutorado em laboratórios de todo o mundo folheiam as páginas dessas publicações em busca do mais recente achado em seu campo de pesquisa e depois tentam pensar no próximo experimento baseado no texto que saiu na *Nature*. Mas evidentemente é tarde demais; as pessoas que escreveram aquele trabalho já conceberam os próximos experimentos — na verdade, provavelmente estão prestes a terminá-los. Tenho um colega que sempre sugere a seus estudantes que olhem não para a edição de ontem de *Nature* e *Science* para ter ideias de experimentos, mas para um trabalho que tenha dez anos ou mais. Esse trabalho está pronto para ser revisitado, pronto para uma revisão. Ainda há perguntas à espreita naqueles dados, perguntas que agora amadureceram e que na ocasião não podiam ser respondidas com as técnicas então disponíveis. É mais do que provável que nem sequer tenham sido feitas, porque não se encaixavam em nenhuma ideia então vigente. Mas agora elas renasceram, subitamente possíveis, potenciais, promissoras. Eis aqui outro lugar fértil, embora não intuitivo, onde buscar ignorância — naquilo que se sabe.

Quão grande uma pergunta deve ser? Quão importante? Como estimar seu tamanho e sua importância? O tamanho importa? (Perdão, não consegui resistir.) Não existem respostas para essas perguntas, mas assim mesmo elas são boas, pois nos oferecem um caminho para pensar sobre... questões. Alguns cientistas gostam de grandes questões — como o universo começou, o que é consciência etc. Mas a maioria prefere comer pelas bordas, pensando em problemas mais modestos de modo profundo e detalhado — às vezes detalhes entediantes para quem está fora de seu campo de pesquisa. Na verdade, os que optam pelas questões maiores quase sempre as desmembram em pedaços menores, e os que trabalham com questões mais estritas podem mostrar como suas buscas conseguiram revelar processos fundamentais, isto é, respostas para as grandes questões. O famoso astrônomo e astrofísico Carl Sagan, para usar como exemplo um cientista bem conhecido, publicou centenas de trabalhos sobre descobertas muito específicas relativas à composição química da atmosfera de Vênus e de outros objetos planetários, enquanto meditava ampla e publicamente sobre as questões da origem da vida (e talvez de modo menos científico, mas não menos importante, sobre para onde ela se encaminhava). As duas abordagens convergem em questões tratáveis que têm, potencialmente, amplas implicações.

Essa estratégia de se servir de questões menores para perguntar as maiores é, se não específica da ciência, um de seus fundamentos. No linguajar científico isso se chama "sistema-modelo". Como ressalta Marvin Minsky, um dos pais da inteligência artificial, "em ciência pode-se aprender o máximo estudando o mínimo". Pense em como sabemos muito mais sobre vírus e como eles funcionam do que sobre elefantes e como eles funcionam. O cérebro, por exemplo, é uma peça muito complicada da maquinaria biológica. Descobrir como ele funciona é, compreensivelmente, uma das grandes questões do gênero humano. Porém, ao contrário de máquinas de verdade, projetadas e construídas pelo homem, não temos nenhum esquema do cérebro. Temos de descobrir, revelar os funcionamentos internos, dissecando-o — é preciso desmontá-lo. Não só fisicamente, mas também funcionalmente. É uma tarefa quase impossível, pois o cérebro é constituído de cerca de 80 bilhões de células nervosas, que fazem cerca de 100 trilhões de conexões. Rastrear cada célula e todas as suas conexões, segundo a segundo, é tarefa que está bem além da capacidade do maior e mais rápido dos supercomputadores. A solução é fragmentar todo esse amálgama em partes pequenas, ou encontrar outros cérebros que sejam menores e mais simples, e portanto mais manipuláveis. Assim, em lugar de um cérebro humano, neurocientistas estudam cérebros de ratos e camundongos, cérebros de moscas ou até mesmo o sistema nervoso de vermes nematódeos, que tem exatamente 302 neurônios, porque podem fazer alguns sofisticados experimentos genéticos com eles. Nesse último caso, o número de neurônios é verificável e as conexões de cada um deles é conhecida, com a vantagem adicional de que todo verme é exatamente igual a outro, o que não vale para humanos — nem para ratos, nem para camundongos.

"Porém", diz o não neurocientista e possuidor de um cérebro humano de última geração, "meu cérebro e o sistema nervoso do verme nematódeo não são a mesma coisa; não se pode pretender saber tudo sobre os cérebros humanos só porque se conhece o cérebro de um verme, ainda por cima um verme nematódeo." Talvez não tudo. Mas na verdade um neurônio é um neurônio é um neurônio. No nível mais básico, os blocos de construção dos sistemas nervosos não são tão diferentes. Neurônios são células especiais que podem ser eletricamente ativas, e isso é decisivo para a atividade cerebral. Resulta que as maneiras pelas quais eles se tornam eletricamente ativos são as mesmas, estejam no cérebro de um verme, uma mosca, um camundongo ou no cérebro humano. Assim, quem quiser saber algo sobre o comportamento elétrico dos neurônios deveria eleger um dos 302 neurônios identificados de um verme, e não o neurônio número 123 456 789 dos 80 bilhões do cérebro humano. O passo crucial é escolher o sistema-modelo cuidadosa e adequadamente. Não adianta fazer perguntas sobre a percepção visual de um verme nematódeo (eles não têm olhos), mas ele é um organismo fabuloso para perguntas sobre o tato (um dos grandes enigmas da neurociência moderna que pode deixar você surpreso) porque esse sentido é essencial para a sobrevivência e no verme é possível identificar as partes que formam o sensor do tato usando a genética para, literalmente, dissecá-lo. George Box, um quase esquecido estatístico e industrial da década de 1920, observou que "todos os modelos estão errados, mas alguns são úteis".

Como breve informação adicional, isso explica a dívida que a biologia moderna tem para com Darwin. Costuma-se dizer que a biologia contemporânea não poderia existir sem o poder explicativo da teoria de Darwin, da evolução por seleção natural. Porém raramente se esclarece o motivo dessa afirmação. Por exemplo, os médicos precisam mesmo acreditar em evolução para tratar pessoas doentes? Eles acreditam, pelo menos implicitamente, porque o uso de sistemas-modelo para o estudo dos casos mais complicados se baseia no parentesco de todos os organismos biológicos, inclusive os humanos. É o processo da evolução, são os mecanismos de hereditariedade genética e ocasional mutação que conservaram os genes responsáveis pela produção das proteínas que propiciam a atividade elétrica nos neurônios, assim como as que fazem rins, fígados, corações e pulmões funcionarem do modo como funcionam. Não fosse esse o caso, seríamos incapazes de estudar isso tudo em vermes, moscas, ratos, camundongos ou macacos, e acreditar que teria relevância em relação aos humanos. Não haveria remédios e fármacos, nem procedimentos cirúrgicos, nem tratamentos, nem exames para diagnóstico. Tudo isso foi desenvolvido com o uso de sistemas-modelo que vão desde células em placas de Petri a roedores e primatas. Sem a teoria da evolução, não teríamos os sistemas-modelo. Nem o progresso científico.

O próprio Darwin se valeu de sistemas-modelo para formular perguntas sobre a evolução — de seus famosos tentilhões e de suas observações sobre outras espécies isoladas na ilha à criação de cães, cavalos e sobretudo à reprodução de pombos, popular em sua época. Flores e plantas constituíam sistemas-modelo especialmente úteis porque ele podia cultivá-los em sua estufa. É notável que Darwin nunca mais tenha viajado após a jornada no *Beagle*. Para um naturalista, ele era um homem caseiro demais — quase patológico. Muitos de seus insights sobre as origens das espécies começaram com "simples" questões referentes à natureza dinâmica e mutante desses sistemas-modelo em seu quintal — onde a luz talvez fosse melhor.

Existem exemplos semelhantes do uso dos sistemas-modelo na física, na química e em todos os campos da ciência. A física clássica, diante de tarefas impossíveis como medir o peso da Terra, empregou sistemas simplificados como o dessas inócuas bolas que rolam por planos inclinados para medir o material do universo. E a física pós-Einstein deve ainda mais a sistemas-modelo, desde aceleradores de partículas a simulações em computador, para investigar coisas que aconteceram há muito tempo ou muito longe.

Mas é fácil, e bastante perigoso, confundir um sistema-modelo com uma busca qualquer. Na década de 1970 o senador americano William Proxmire resolveu apresentar o que denominou prêmio Velocino de Ouro a vários cientistas cujo trabalho era sustentado pelo governo, e que ele considerava um desperdício que roubava do público, em impostos, dinheiro duramente ganho. Esses prêmios Velocino de Ouro, que não se limitavam à ciência — abrangiam todo programa de governo que descaradamente desperdiçava o dinheiro dos contribuintes —, eram muito populares na imprensa e inspiravam comédias satíricas. Muitas das críticas eram bem merecidas e realmente engraçadas. Em diversos casos, entretanto, projetos científicos sérios soçobraram nessa caça às bruxas. Muitas vezes tinham títulos que soavam ridículos se tomados literalmente, porque usavam sistemas-modelo. Um exemplo famoso foi o "Aspen Movie Map", um projeto que filmou a paisagem urbana de Aspen, Colorado, e a apresentou como um guia virtual para uma excursão pela cidade. Ridicularizado pelo senador Proxmire, mais tarde o projeto serviu de base para o Google Earth.

Certa vez obtive uma subvenção dos National Institutes of Health (NIH) [Institutos Nacionais da Saúde] para estudar o olfato, o sentido do cheiro, em salamandras. O leitor poderia se perguntar por que alguém dedicaria a vida a tal pesquisa, uma vez que há questões muito mais importantes que mereceriam os dólares do NIH. Na verdade, não nutro um interesse perene em saber como as salamandras cheiram. Mas posso afirmar que o nariz biológico é o melhor detector químico do planeta, e que os mesmos princípios pelos quais animais reconhecem odores em seu meio ambiente operam nos cérebros humanos, no reconhecimento das drogas farmacêuticas e na reação a elas. O olfato pode nos dizer algo sobre reconhecimento molecular, sobre como somos capazes de perceber a diferença entre moléculas que são substâncias químicas muito semelhantes — por exemplo, a diferença entre uma toxina e um tratamento, um veneno e um paliativo. E, se isso não for o bastante, os neurônios em nossos nariz e cérebro envolvidos nesse processo são únicos em sua capacidade de regenerar novos neurônios ao longo da vida — as únicas células do cérebro que fazem isso. Assim, compreender como elas funcionam pode nos dizer como substituir células do cérebro quando as perdemos devido a doença ou lesão. Por que a salamandra? Porque são criaturas robustas fáceis de manter em laboratório e têm células maiores, portanto mais fáceis de trabalhar do que as de muitos outros vertebrados. Não obstante, exceto por serem maiores e menos sensíveis à temperatura (salamandras têm sangue frio), essas células, nos aspectos mais críticos, são exatamente como as células olfativas do nosso cérebro. Seria uma obsessão minha saber como as salamandras cheiram? Não, contudo elas são um excelente sistema-modelo para entender como o cérebro detecta moléculas e como se podem gerar novas células cerebrais. E, a propósito, também poderemos compreender por que uma comida é saborosa ou não, por que os mosquitos acham o corpo humano suculento e que papel o cheiro desempenha no sexo e na reprodução.

Meu trabalho subvencionado tinha o título "Fisiologia molecular do sistema olfatório da salamandra" — definitivamente um candidato ao prêmio Velocino de Ouro, embora eu ache que havia pouco dinheiro envolvido para me qualificar. Mas desde 1991, quando esse projeto começou a ser financiado, foi criado um programa de pesquisa que produziu mais de cem trabalhos científicos e, mais importante, treinou cerca de duas dúzias de novos cientistas. E meu caso não é exceção. É fácil ver na ciência uma extravagância: cientistas falam de um modo engraçado e são capazes de se vestir de um jeito esquisito, além de se expressar por enigmas, literalmente, porque é isso que as propostas de subvenção requerem. Quando se está falando, escrevendo ou pensando sobre ignorância, é crucial ser o mais preciso possível. Estou interessado em compreender o olfato, e o reconhecimento químico e a substituição de células do cérebro — mas esses interesses são amplos demais para serem julgados por seu valor. É claro que são valiosos, mas como, especificamente, alguém deve proceder para compreendê-los? A compreensão está nos detalhes, e os detalhes com frequência têm títulos engraçados em propostas de subvenção.

O leitor deve ter notado que até agora não usei muito a palavras *hipótese*. Isso pode despertar curiosidade, sobretudo em quem conhece um pouco de ciência, pois se supõe que a hipótese seja o ponto de partida para todos os experimentos. O desenvolvimento de uma hipótese é considerado a coisa mais cerebral que um cientista faz — ela é sua ideia de como algo funciona, com base em dados anteriores, talvez algumas observações aqui e ali e muita elucubração que resulta em novas explicações, perceptivas e potenciais, de como a coisa funciona. As melhores hipóteses — na verdade, apenas as legítimas — sugerem experimentos capazes de demonstrar se elas são verdadeiras ou falsas. E a parte falsa dessa equação é o que importa. Há muitos resultados de experimentos que poderiam ser compatíveis com a hipótese, mas não provam que ela seja verdadeira. Porém, basta demonstrar uma só vez que a hipótese é falsa para que ela seja abandonada.

Isso não soa como uma bela e sucinta prescrição de ignorância? A hipótese é uma declaração daquilo que não se sabe e uma estratégia de como se vai chegar a saber. Detesto hipóteses. Talvez seja preconceito, mas as considero aprisionadoras, enviesadas e discriminatórias. Na esfera pública da ciência elas têm um modo de ganhar vida própria. Cientistas ficam por trás de uma ou outra hipótese como se fossem equipes esportivas ou nacionalidades — ou religiões. Têm conferências nas quais diferentes laboratórios ou teóricos apresentam evidências que sustentam sua hipótese e menosprezam as ideias dos outros. Criam-se controvérsias, publicam-se trabalhos de destaque nas revistas do mais alto padrão, porque eles são controversos, e não porque sejam a melhor ciência. De repente, do nada, parece haver uma bolha de interesse e atenção muito parecida com as bolhas econômicas especulativas que se desenvolvem nas commodities, e mais cientistas são atraídos para esse campo "quente". Há dezenas de exemplos — o universo está estável ou se expandindo, a aprendizagem se deve às mudanças na membrana do neurônio antes da sinapse ou depois dela ("pré ou pós", como se diz no jargão), existe água em Marte (e isso importa), a consciência é real ou é uma ilusão, entre outros temas. Alguns são resolvidos, enquanto muitos desvanecem após algum tempo sob os refletores, ou devido à fadiga ou porque a questão se transformou numa série de questões menores, mais maleáveis e menos chamativas. É famosa a declaração de Newton: "*Hypotheses non fingo* (Não invento hipóteses)... Tudo que não se deduz do fenômeno deve ser chamado de hipótese, e hipóteses... não têm lugar na filosofia experimental". Apenas os dados, por favor.

No nível pessoal, penso que para os cientistas, individualmente, a hipótese pode ser inútil. Não, pior do que inútil, ela é um perigo real. Primeiro, existe a óbvia preocupação com o viés. Imagine que você é um cientista à frente de um laboratório. Você tem uma hipótese, e, naturalmente, se dedica a ela — que é, afinal, a sua muito sagaz ideia daquilo que no fim se vai descobrir. Como em toda aposta, você prefere ser o vencedor. Será que não favorecerá, de maneira inconsciente, os dados que demonstram sua hipótese e ignorará os demais? Será que você, sempre sutilmente, seleciona um dado em detrimento de outro — sempre haverá uma desculpa para deixar um dado contraditório fora da linha de análise ("Bem, foi um dia ruim, parecia que nada funcionava"; "Os instrumentos provavelmente precisam ser recalibrados"; "Estas observações foram feitas por um estudante novo no laboratório" etc.). Desse modo, lenta mas seguramente, os dados que confirmam a hipótese aumentam enquanto os dados que a contradizem diminuem, assim como acontece com a objetividade.

Pior ainda, você pode com frequência negligenciar dados que levariam a uma resposta melhor, ou a uma pergunta melhor, porque eles não se encaixam em sua ideia. Alan Hodgkin, famoso neurofisiologista responsável pela descrição de como a voltagem nos neurônios muda rapidamente quando são estimulados (o que lhe valeu o prêmio Nobel), percorria o laboratório todo dia, conversando com cada estudante ou pesquisador de pós-doutorado que trabalhava num ou noutro projeto. Se algum deles lhe mostrasse dados de um experimento da véspera que correspondessem ao resultado esperado, ele assentia, aprovando, e ia embora. Só se entusiasmava quando alguém obtinha um resultado que contrariava a expectativa. Aí ele sentava, acendia seu cachimbo e trabalhava para descobrir o que aquilo poderia significar. Mas não há muitos como Alan Hodgkin.

A alternativa para a pesquisa movida por hipótese é aquela a que já me referi como pesquisa movida por curiosidade. Apesar de você provavelmente ter imaginado que nesse caso a curiosidade é uma coisa boa, o termo é comumente usado de modo depreciativo, como se a simples curiosidade fosse uma coisa infantil demais para motivar um projeto de pesquisa sério. "Não passa de uma expedição de pesca" é uma frase crítica comum nas análises de pedidos de subvenção, e ela é suficiente para afundar uma requisição. Espero que isso lhe pareça tão ridículo quanto parece a mim. Qualquer um que não perceba que estamos todos numa expedição de pesca está enganando a si mesmo. O truque é ter alguma ideia de aonde ir pescar, manter-se longe de águas poluídas, dirigir-se ao local onde muitos pescadores pegam grande quantidade de peixes (ou evitar esses locais, caso os peixes tenham saído de lá) e contar com algum senso daquilo que é saboroso ou não. Não estou certo de que possamos esperar muito mais do que isso.

Diz-se que grande parte da ciência tem a ver com serendipidade; descobertas fundamentais são tão aleatórias quanto os resultados de uma busca dirigida. Isso proporciona belas histórias, mas raramente é tão simples. Como observou Louis Pasteur, ele mesmo em certa medida um beneficiário da sorte, "o acaso favorece uma mente preparada". Advogados não fazem descobertas por acidente; somente cientistas as fazem. Isso porque a curiosidade os impele a experimentar para ver o que acontece. E quase sempre o que descobrem não é o que procuravam, mas algo inesperado e mais interessante. No entanto, eles precisam procurar. As histórias de serendipidade não nos dizem que se trata, na maioria dos casos, de pura sorte, e sim que muitas vezes não somos sagazes o bastante para predizer como as coisas deveriam ser, e que é melhor ser curioso, manter a mente aberta e ver o que acontece. Mais importante, nunca desprezar dados anômalos — com frequência eles são o melhor material.

Dispomos agora de uma espécie de catálogo de como os cientistas se servem da ignorância, de maneira consciente ou inconsciente, para completar um dia de trabalho, para construir um edifício que chamamos de ciência moderna. Ele inclui um grupo notável e diversificado de ideias, como conectividade, solucionabilidade ou tratabilidade, além de medição, revisitação de questões estabelecidas, uso de pequenas questões para chegar às grandes, curiosidade. Um amontoado de ideias e estratégias. Algumas, ou todas, entram em jogo num ou noutro momento da carreira de todo cientista, desde os tempos de estudante de pós-graduação até os de professor emérito.

6. Você e a ignorância

Agora podemos voltar à questão de como *você* pode usar a ignorância para compreender essa atividade genericamente chamada ciência e as coisas que ela produz, em vez de ficar alienado por algo de que você sabe que depende. Se você encontrar cientistas — em jantares, na escola de seu filho, em eventos de alunos, por acaso, quando em viagem —, não lhes peça que expliquem o que fazem; pergunte-lhes o que estão tentando descobrir. Cientistas gostam de perguntas. E geralmente detestam falar sobre o que estão fazendo porque têm certeza de que vão fazer o interlocutor revirar os olhos de tanto tédio. Mas gostam que se demonstre interesse por aquilo que fazem. Pergunte-lhes quais são as perguntas, quais são as coisas importantes em seu campo sobre as quais ninguém sabe.

Para ilustrar como isso funciona, podemos fazer o que os cientistas chamam de *experimento mental*. Digamos que você teve a oportunidade de passar cinco dias com Albert Einstein. O que teria feito? Poderia ter pedido que ele lhe explicasse a relatividade.

Afinal, ouvir a teoria do próprio mestre teria sido uma experiência única e com certeza você poderia sair dela sabendo que enfim compreendeu o que este $e = mc^2$ significa exatamente, e por que ele faz com que bombas explodam. Mas você teria errado. Chaim Weizmann, primeiro presidente de Israel e patrono do Instituto Weizmann de Ciência, em Tel Aviv, teve essa oportunidade. Ele e Einstein cruzaram juntos o Atlântico e combinaram que por duas horas, toda manhã, iriam sentar no convés do navio e Einstein explicaria a teoria da relatividade. No fim da viagem, Weizmann declarou que estava "convencido de que Einstein havia entendido a relatividade". Weizmann, é claro, não chegou a compreendê-la. O que ele deveria ter perguntado era: "O que pensa sobre os dias atuais, Albert?"; "Em quais questões está trabalhando agora?"; "Quais são as novas perguntas que os físicos estão fazendo neste universo relativista, seja lá o que isso significa?"; "Quais são as questões ainda em aberto?". Se Weizmann lhe tivesse feito esse tipo de pergunta, teria ouvido um punhado de notáveis quebra-cabeças e muitas fofocas sobre as novas teorias de Bohr e seus colegas sobre mecânica quântica e se isso significava que Deus poderia ser sempre o mesmo em que ele e Einstein acreditavam quando crianças. Certamente Weizmann, ou pelo menos sua maneira de pensar, teria mudado para sempre.

Então, em que consistem as boas indagações e como concebê-las? Como usá-las para melhor compreender a ciência? Tendemos a formular perguntas para as quais consideramos haver uma resposta, talvez porque a ignorância nos pareça embaraçosa. Porém agora você sabe que essa é uma ideia errada. Faça uma pergunta elementar a um cientista e obterá uma resposta quase incompreensível de tão técnica, mesmo que o cientista tente falar em termos leigos. Francis Crick, prêmio Nobel e um dos descobridores do DNA, aconselhava os cientistas a trabalhar naquilo sobre o que conversam no almoço, porque é isso que realmente lhes interessa. Em geral é mais fácil dizer do que fazer, por razões práticas de financiamento e afins, sobretudo se você não tiver um prêmio Nobel na estante. Mas é a base para uma boa pergunta. Pergunte ao cientista com quem ele se encontrou no almoço e qual foi o assunto da conversa. Isso pode gerar uma enxurrada de outras perguntas: "Qual *a* coisa que você gostaria de saber quanto a X?"; "Qual a questão capital que você não entendeu?"; "Que atividades (cálculos, experimentos) não funcionam?".

Podem parecer perguntas genéricas, endereçadas a qualquer pessoa ou a qualquer cientista. Mas ser mais específico não é difícil. Você teria de fazer mais leituras de fundo para elaborar essas perguntas, mas é mais fácil do que se pensa. É possível iniciar até mesmo por publicações de divulgação científica — costumo indicar alguns artigos da revista *Discover* ou *Scientific American*, ou até mesmo da seção do *New York Times Science* relativa ao trabalho do cientista visitante. Mas mesmo a leitura de trabalhos científicos reais em revistas reais não é tão assustadora quanto parece. E com frequência nós também os lemos. Há muitos trabalhos científicos, até mesmo em biologia, campo no qual tenho título acadêmico, que são técnicos demais para o meu gosto. Mas em geral consigo ler os parágrafos introdutórios, mesmo num trabalho de física ou matemática, e depois sou capaz de penar na seção Discussão, no final do trabalho. O importante, penso, é continuar lendo, relevando as partes que você não entende por causa de sua natureza técnica. Não deixe que uma palavra desconhecida o detenha; passe rapidamente por ela. Em algum momento vai surgir a questão e você começará a perceber, no que concerne à ciência, o "por quê", e talvez o "como".

Uma das experiências pessoais mais notáveis que tive no curso sobre ignorância foi minha primeira tentativa de trazer um matemático para falar conosco. Eu estava quase tão apreensivo quanto ele. Matemáticos são de certa forma comoventes porque grande parte de seu trabalho tem uma estética refinada que expressa verdades profundas e abstratas até o nível da pureza, mas existem apenas umas poucas dezenas de pessoas no mundo capazes de falar sobre isso.

O professor me passou um longo artigo sobre "topologia", naquilo que ela é relacionada com a então recente solução para a conjectura de Poincaré (um dos notórios 23 problemas de Hilbert). Eu me enrosquei com as 55 páginas e fiquei me perguntando quantas eu ia de fato percorrer — e quantas vezes cairia num sono cheio de estupor. Mas não foi absolutamente isso que aconteceu. Sim, havia muita coisa que eu não compreendia em detalhes e algumas das notações matemáticas estavam além do meu conhecimento — porém muito disso seria fácil de encontrar na internet. No fim eu me deliciei de verdade, senti prazer em ler o trabalho, que me abriu um mundo antes inimaginável, no qual esferas são estruturas bidimensionais (e não tridimensionais) e os nós, como esses de amarrar o sapato, têm propriedades matemáticas singulares.

A aula com o matemático acabou sendo uma das melhores que tivemos em cinco anos. Por sinal, o matemático era John Morgan, então presidente do Departamento de Matemática em Columbia e hoje diretor do Centro Simons de Geometria e Física na Universidade Stony Brook, em Nova York.

Eis aqui alguns exemplos de boas perguntas feitas durante a aula dele:

Você acredita que há coisas em seu campo que não há como
   saber? Quais são?
Quais são os atuais limites tecnológicos de seu trabalho?
   Você consegue ver soluções?
Quais são suas dificuldades atuais?
Como você se refere àquilo que não sabe?

Qual foi o principal item motivador de seu mais recente pedido de subvenção?

Qual será o principal item motivador de seu próximo pedido de subvenção?

Há algo em que você gostaria de trabalhar mas não pode? Devido a limitações técnicas? Dinheiro, recursos humanos?

Qual era o estado de ignorância em seu campo há dez, quinze ou 25 anos, e em que isso mudou?

Existem dados de outros laboratórios que não batem com os seus?

Com que frequência você tem palpites?

Você se surpreende com regularidade? Em quais situações?

Há coisas que acabam não sendo feitas?

Que perguntas você está gerando?

Que tipo de ignorância seu trabalho produz?

Façamos um apanhado geral. A ciência produz ignorância, e a ignorância alimenta a ciência. Temos uma escala de qualidade para a ignorância. Avaliamos o valor da ciência pela ignorância que ela define. A ignorância pode ser grande ou pequena, tratável ou desafiadora. Pode-se pensar nela em detalhes. O sucesso em ciência, tanto em fazê-la como em compreendê-la, depende de desenvolver um estado de conforto com a ignorância, algo análogo à capacidade negativa de Keats. O mais importante é que você, o leitor leigo, possa entender uma imensa porção da ciência focando-se na ignorância em vez de levar em conta os fatos. Não os ignore, porém; apenas não se concentre neles.

A essa altura penso que seria útil considerar a ignorância em seu aspecto específico, e não como ideia genérica. É bom ter alguma noção de como ela atua na vida de um cientista em exercício. Para tanto, vale a pena utilizar um método de apresentação comum em aulas de medicina — a *história do caso* — para obter

82

mais um insight. Podemos considerar um determinado cientista, ou alguns cientistas, num determinado campo, e analisar seu trabalho como um caso na história da ignorância?

Extraídas do curso sobre ignorância, cada narrativa apresentada a seguir pretende iluminar alguns aspectos específicos da ignorância e sua importância no programa científico, mas nenhuma delas é uma parábola simples, com uma mensagem clara e adequada. Como qualquer outra atividade, a atividade científica é de certa forma uma miscelânea, e o processo para cada pessoa é, como eu disse, idiossincrático. Tentei enfatizar os pontos relativos à ignorância nessas narrativas, mas não os tomei, propositalmente, como exemplos deste ou daquele aspecto. Creio que até aqui você já leu o suficiente sobre ignorância científica para conseguir reconhecê-la nos vários disfarces em que se apresenta, como tantas vezes acontecerá nessas historietas.

7. Histórias de casos

1. TEM ALGUÉM AÍ?

Existe algo mais difícil do que saber o que está dentro da cabeça de outra pessoa? O que ela pensa, sente, percebe? Será que o que considero "vermelho" é "vermelho" para essa pessoa? Qual é a sensação de ser ela? Existirá algo que possamos saber com menos certeza ainda?

Sim: o que está acontecendo na cabeça de outro *animal*?

E é aí que Diana Reiss procura a ignorância.

A psicóloga cognitiva Diana Reiss procura saber se outros animais com cérebro grande têm faculdades mentais elevadas, semelhantes às nossas. A dra. Irene Pepperberg, do MIT, faz o mesmo tipo de pergunta sobre um animal com um cérebro muito menor — na verdade, o cérebro de uma ave. A questão mais profunda que ambas levantam é se há uma progressão suave da função mental entre as espécies ou se existe uma misteriosa descontinuidade quando se chega aos humanos. Seremos capazes de enxergar dentro da mente do animal? Existe nele uma mente para ser vista? Durante muitos anos, na realidade muitos séculos, prevaleceu o dogma de que animais e humanos eram fundamentalmente diferentes no que tange à cognição, à mente. Pode ser que o coração, o fígado, os rins e outros órgãos sejam reconhecidamente similares, se é que não são exatamente iguais; pode ser que nossa fisiologia e bioquímica sejam, em essência, semelhantes; talvez nossos requisitos para reprodução e alimentação sejam indistinguíveis. Mas quando se trata da mente, há uma diferença. Historicamente, essa diferença era ligada à noção de alma — algo que os humanos teriam e que outros animais provavelmente (assim esperamos?) não têm. Para muitas pessoas esse ainda é o xis da questão. Para um cientista, ela já não é tão importante.

Como parte da inexorável marcha em direção à demonstração da "Lei de não sermos nada especiais", parece agora que, em acréscimo ao fato de não sermos o centro de nada cosmológico (sistema solar, galáxia, universo, multiverso...), tampouco somos especiais entre as criaturas vivas que habitam nossa pequena, solitária e suja esfera. Nosso cérebro, conquanto maior do que a maioria (mas não todos) e talvez com uma organização mais complexa (embora realmente não tenhamos estudado com tanto afinco outros cérebros complexos), ainda é, no fundamental, mais parecido do que diferente daqueles que o restante da ordem dos mamíferos tem.

O problema começa quando se fala de consciência — ou sobre onde reside a percepção consciente. No século IV a.C., Aristóteles se preocupou com essa diferença, chegando ao que chamou de *Scala de Naturalia*, ou Escada da Natureza de coisas vivas. Nesse esquema, plantas têm uma alma vegetativa para reprodução e crescimento, animais não humanos possuem, em acréscimo, uma alma sensitiva, que percebe o mundo através dos sentidos, e humanos acrescentam a isso uma alma racional, para pensamento e reflexão.

Seja alma ou consciência, não está mais no peito do homem, não mais no coração, não mais nem mesmo na glândula pineal (como propôs Descartes) — ela fica no cérebro. É o "molho especial" que torna o cérebro humano consciente, que o leva a ser mais do que apenas um sofisticado computador que faz funcionar o organismo de maneiras previsíveis, mesmo que fascinantes. Se animais têm cérebros como o nosso, teriam também alma? E se seus cérebros tivessem somente metade da capacidade do nosso, isso não lhes proporcionaria alguma alma? Eles têm sentimentos? Podem ficar magoados de modo não puramente físico? Será que *sentem* dor, não apenas as experimentam? A maneira como pensamos essas questões vai afetar nossa visão moral do mundo em todos os aspectos, desde o ato de se vacinar até o de comer carne, praticar aborto, preocupar-se com o clima, pensar sobre a morte. Os riscos podem ser altos quando essas questões aparecem.

Descartes, desde o início do que identificamos como a tradição científica ocidental, detêve o avanço desse campo relativo à cognição dos animais alegando que a maior parte do comportamento deles, e até mesmo muito do humano, é causada por uma espécie de máquina cujo funcionamento é regido pelas leis da mecânica. O pensamento, para ele, era apartado do comportamento, talvez até mesmo governado por leis e princípios diferentes. Embora essa visão extrema, conhecida como *dualidade mente-corpo*, não seja mais sustentada, continua muito controversa a noção de onde desenhar uma linha entre mente e comportamento, se é que existe mesmo essa linha.

Aqui temos a ciência impregnada de história, carregando a bagagem de possíveis conotações religiosas, ou pelo menos morais. Reiss ressalta que o limite para que se configurem aptidões cognitivas em animais é muito mais alto do que nos humanos, até mesmo, é óbvio, em humanos prejudicados por grave disfunção mental. Não importa quão séria possa ser essa disfunção numa criança, ainda acreditamos que ele ou ela tem qualidades humanas essenciais, inclusive uma vida cognitiva que evoca uma alma. Animais, por sua vez, precisam ter desempenho em níveis quase humanos para serem considerados portadores de algo que poderíamos chamar de "mente", seja lá o que isso for.

Esse é justamente um dos grandes problemas para Reiss. O que chamamos "mente" tende a ser definido de modo circular como algo que os humanos têm. Mas uma definição assim, mesmo que apenas implícita, é inútil. Ela cria ignorância da maneira errada — parece significar alguma coisa quando de fato não significa nada. Isso tem o efeito de obstruir a investigação em vez de impulsioná-la. Como pergunta Reiss, "por que pensamos que os animais não pensam? Começamos com uma suposição inicial negativa e depois temos de provar que pensam".

Talvez pior ainda seja existir um duplo padrão implícito para as condições mínimas que poderiam "provar" a existência do pensamento em animais e para o modo como os dados devem ser obtidos. Foi isso que o falecido Donald Griffin, pesquisador de comportamento animal em Harvard — que descobriu as capacidades do sonar dos morcegos —, chamou de "perfeccionismo paralítico": estabelecer padrões tão altos que tornem o progresso praticamente impossível. Em diversos projetos dedicados a ensinar aptidões rudimentares de linguagem a chimpanzés, por exemplo, grande parte das críticas foram relativas a acusações de "fornecer dicas" — as dicas que o pesquisador, consciente ou inconscientemente, pode dar a seu objeto de pesquisa e que mudam o comportamento daquilo que é pesquisado. Muitos de nós chamamos isso de linguagem corporal, embora a coisa não se limite à postura. Ora, esse tipo de dica social é decisiva para a criança aprender uma língua. Imagine-se tentando ensinar seu filho ou sua filha a falar sem sequer sorrir, ou assentir, ou mudar sua expressão — só o premiando com um biscoito quando diz algo correto e ignorando-o quando comete erros. Isso pode ser considerado abuso infantil, mas é o procedimento requerido nos experimentos de linguagem com animais.

Porém, como salienta Reiss, essa aparente injustiça serve também a uma finalidade, ajudando a evitar as muitas armadilhas que ocorrem na pesquisa cognitiva e na coleta de dados sobre outra mente, a qual, no fim, você nunca conhece por completo. A aparência externa do comportamento cognitivo pode não ser uma representação da vida interior nem mesmo nos humanos. É provável que nossas expectativas sobre o comportamento dos outros — formadas dentro de nós ou por genes ou por aprendizado — sejam satisfeitas por aquilo que observamos. Temos uma ideia de como seria a consciência, e estamos aptos a reconhecer coisas que se pareçam com ela. Nós as chamamos de *comportamento consciente* — mesmo quando não o são.

A famosa história de Kluge Hans [Hans Esperto], o cavalo, é instrutiva. Ao que parece, ele era capaz de fazer cálculos matemáticos. Propriedade de um professor aposentado, foi alvo de grande atenção da imprensa e da população em geral possivelmente devido a um grande interesse na inteligência animal motivado pela então recente publicação de *A origem das espécies*, de Darwin. Herr Van Osten, professor e proprietário do cavalo, ouvia da plateia um problema matemático — por exemplo, quanto é 5 + 3 — e pedia a resposta a Hans. Este, para espanto geral, batia o casco no chão oito vezes. Era igualmente bom em adição, subtração, multiplicação, divisão e outras operações numéricas simples. Hans era uma sensação. Investigações feitas por comissões de "especialistas" concluíram que não havia fraude. O animal realizou incontáveis demonstrações para multidões por toda a Europa.

Por fim, um jovem estudante de graduação em psicologia, Oscar Pfungst, concebeu uma série de experimentos reveladores do método que havia naquela esperteza — e era surpreendentemente sutil. Pfungst descobriu que Hans tinha o mesmo bom desempenho não importava qual fosse seu interlocutor humano — Van Osten, estranhos, até mesmo o próprio Pfungst —, contanto que a pessoa soubesse a resposta. Se o interlocutor estivesse no escuro, assim estaria Hans também. O cavalo também falhava se não pudesse ver a pessoa: se usasse antolhos ou se ambos estivessem separados por uma divisória. Isso levou Pfungst a desconfiar que Hans obtinha alguma pista da solução, e mediante atenta observação — da pessoa que apresentava o problema, não do cavalo — ele descobriu que o interlocutor contraía os músculos do corpo e do rosto quando as batidas do casco se aproximavam do número certo. Hans certamente era esperto, mas não em matemática. Ele lia mudanças muito sutis na postura, expressão facial e comportamento de seus colaboradores humanos. O mais notável, descobriu Pfungst, era que, mesmo depois de saber que dava essas pistas, ele não conseguia, conscientemente, evitar isso. Quando sabia a resposta do problema, involuntariamente modificava sua atitude de um modo que o muito esperto Hans conseguia observar.

Essa constatação mudou para sempre o curso da psicologia experimental e de todo o campo que estuda organismos vivos. Num teste com drogas medicinais em grande escala, por exemplo, pacientes recebem ou a droga real ou um placebo, uma droga falsa. O médico que a administra não pode saber qual delas é a verdadeira, do contrário, inconscientemente, pode dar uma pista ao paciente. Nem mesmo a pessoa que fornece a droga sabe o que é o que, porque o médico talvez perceba a mensagem e a transmita ao paciente. Tudo isso é capaz de acontecer, e na maioria das vezes acontece, inconscientemente.

O método que cientistas usam para controlar os efeitos do tipo Hans Esperto, como vieram a ser chamados, é o "duplo-cego". Isto é, ou o experimentador não pode saber a resposta correta, ou não pode estar ao alcance do objeto do experimento. O próprio experimentador revelará a resposta correta transmitindo-a involuntariamente. O método funciona para testes com drogas, mas cria um problema sério para o pesquisador cognitivo. As dicas sociais que, acredita-se, são decisivas na tarefa complexa da comunicação devem ser implacavelmente removidas do experimento pelo procedimento do duplo-cego. Porém, remover os aspectos sociais do processo destrói o experimento. É um duplo-cego do duplo-cego.

É verdade que os vários experimentos de linguagem com chimpanzés e uns poucos com golfinhos acabaram fracassando, no sentido de que os pesquisadores nunca ensinaram nenhum deles a sentar e escrever como é a vida de um chimpanzé ou de um golfinho. Mas assim mesmo foram experimentos inovadores porque propiciaram a redescoberta da cognição animal como uma questão científica. Levaram também ao reconhecimento do uso de ferramentas, do comportamento simbólico, da multiplicidade, da empatia e até da autoconsciência, a consciência de si mesmo, nos animais, antes tidos como meras máquinas. A partir do final da década de 1980, mais uma vez foi aceita a ideia de investigar as causas do comportamento dos animais e considerar que eram mais do que engrenagens e alavancas.

Mas como, exatamente, se colocam questões sobre a atividade mental em animais? Reiss e Pepperberg adotam duas abordagens diferentes, mas que representam, no básico, a mesma estratégia, baseada no mesmo princípio orientador — princípio que muitos pesquisadores têm dificuldade em aceitar porque relaxa o controle, tira o experimentador da posição do condutor do experimento, deixando a cargo dos objetos pesquisados — golfinhos, elefantes e papagaios, nesse caso — a produção de resultados.

Para as duas cientistas, o salto estratégico decisivo foi deixar de se preocupar com a definição de consciência ou autoconsciência, com o que essa coisa (se é que há uma coisa) era e como produzi--la, e em vez disso dar a uma criatura uma oportunidade de simplesmente nos demonstrar se age de maneira consciente. Pode parecer uma distinção sutil, mas foi o que permitiu o avanço de Reiss e de Pepperberg. É um exemplo de que a pergunta certa feita do modo certo — em vez da acumulação de mais dados — permite que um campo de pesquisa progrida. Como diz Reiss, "nossa única chance é ter esses vislumbres ocasionais de uma mente em funcionamento". Isso não se revela em testes cautelosos. Estes já foram tentados e, em cada caso, algum psicólogo comportamental de mente cartesiana foi capaz de demonstrar que o que parece ser um comportamento consciente, de iniciativa própria, pode ser tão facilmente replicado com simples esquemas de estímulo-resposta. Não seria preciso invocar a consciência para explicar algum comportamento aparentemente complexo — sistemas simples de reação/recompensa podem fazer isso. E não se achará consciência numa imagem de ressonância magnética (IRM) porque ela não a detecta nem em humanos. Não existe um lugar no corpo para a consciência, nenhuma protuberância na cabeça, nenhuma estrutura mais profunda no cérebro. É um "fenômeno emergente" que aparece em algumas criaturas e não em outras. Quem a tem, e por quê?

Gosto dessa ideia de "vislumbre". É como a noção de descobrir, porém ainda mais humilde; com frequência, é tudo que dispomos. Estruturar os vislumbres é o tipo mais sutil de experimento que se pode projetar. Os fatos quase não param de se suceder e muitas vezes só são perceptíveis numa visão periférica. É difícil saber (isto é, predizer) de onde e quando virão.

Para Reiss, a chave é a observação paciente, dando aos animais oportunidades de demonstrar suas aptidões. Ela aguarda o "vislumbre" ocasional de outra mente em funcionamento, esperando que seja reconhecível. Essa noção de colocar um "vislumbre" na questão é crucial para a abordagem de Reiss. É quase como o zen-budismo. Olhar diretamente para a coisa faz com que ela desapareça, e estar ativo demais só faz acontecer o que você quer que aconteça. Para evitar isso, ela trabalha no sentido de criar uma oportunidade, mantendo-se serenamente concentrada. Você percebe o paradoxo que é a vida dessa cientista?

Um problema prático provocado por essa estratégia é que os números podem ser baixos. De fato, quase sempre os dados são anedóticos, uma "historinha", mas, com um pouco de sorte, uma historinha que talvez ajude a projetar um experimento. Reiss tem um exemplo clássico com um golfinho que foi parte de seu trabalho de graduação.

Como primeiro passo para estabelecer um relacionamento com o animal, objeto do experimento — um golfinho fêmea chamado Circe, num aquário no sul da França —, Reiss se encarregou de alimentá-lo. O procedimento lhe permitiu estabelecer alguns parâmetros de treinamento que seriam úteis mais tarde. O mais básico consiste em manter uma posição — significa simplesmente se aproximar do treinador e se concentrar nele. Reiss estendia a mão e o golfinho vinha de onde estivesse e punha a cabeça fora d'água, e então ganhava um peixe. Mais exatamente, ganhava um pedaço de peixe, pois se acostumara a recebê-lo cortado em três pedaços — cabeça, corpo e cauda. Circe não gostava de caudas e as rejeitava, "treinando" Reiss a somente alimentá-la com cabeças e corpos. Quando se recusava a manter posição ou a realizar outra tarefa que Reiss requeria, não recebia a recompensa e via a psicóloga se afastar cerca de três metros do tanque por cinco minutos, um procedimento conhecido como "pedido de tempo". Não é uma atitude muito diferente daquela que professores usam com crianças que se comportam mal. É uma forma de punição porque significa que o transgressor, aluno ou golfinho, se recusa a fazer o certo e ganhar a recompensa. É uma estratégia muito eficaz, que tem a vantagem adicional de não provocar dor.

Um dia, numa sessão experimental, Circe realizava alguma tarefa quando Reiss inadvertidamente alimentou-a com uma cauda de peixe — a parte de que ela não gostava — que escorregara para dentro do balde. Circe cuspiu a cauda, afastou-se de imediato por três metros, virou-se e, com a metade superior do corpo fora d'água, ficou observando Reiss parada, de pé, balde na mão. Ela havia dado à psicóloga um "pedido de tempo".

Será? Para Reiss, não havia dúvida. Mas só havia acontecido aquela vez. Era uma "historinha". Seria possível projetar um experimento com base nisso? Uma historinha pode se tornar um experimento? Como diz Reiss, "enquanto tentamos aprender sobre eles, eles tentam aprender sobre nós, e essa pode ser a parte mais interessante do experimento". A situação é fluida; há muito poucas variáveis controláveis. Porém de vez em quando há um vislumbre que revela uma mente em ação — inconfundível mas inqualificável. É por esses vislumbres que Reiss trabalha. (Posteriormente a psicóloga encenou mais alguns "erros", alimentando Circe com caudas, e a cada vez era castigada com a mesma resposta comportamental — um pedido de tempo.)

Assim, o problema é como criar um momento no qual você tenha um vislumbre. Não é um tema incomum em ciência. Descobertas não acontecem todos os dias. Mesmo após ter estabelecido uma questão, você ainda precisa elaborar o modo como vai prosseguir com base nela.

Atualmente, Reiss usa espelhos para ter um vislumbre do que os animais pensam sobre si mesmos — se é que fazem isso. Com dezoito meses de idade todos os humanos percebem qual é a ilusão do espelho (afinal, é isso que ele é), e desde o trabalho pioneiro de Gordon Gallup Jr. no final da década de 1970 sabemos que chimpanzés e outros grandes macacos também se reconhecem. Trata-se de um experimento que parece óbvio — em retrospecto. Uma vez concluído, ninguém consegue entender por que não fora feito décadas antes. Gallup, curioso em saber se chimpanzés, caso tivessem a oportunidade, reconheceriam a si mesmos, simplesmente deu espelhos a alguns deles e observou seu comportamento. Houve uma clara evolução de comportamentos, desde o social (como se a imagem no espelho fosse outro chimpanzé) até o contingente (eles faziam algo e observavam se o sujeito no espelho o imitava — a clássica rotina em comédias de Lucille Ball e Harpo Marx), passando pelo uso pessoal do espelho (utilizando-o para inspecionar o interior da boca, por exemplo). Assim, dada a oportunidade correta, o chimpanzé demonstrou ser capaz de perceber o que é o espelho. Mas o teste definitivo seria saber se o chimpanzé "via" sua imagem e se reconhecia nela, no sentido de compreender que se tratava dele mesmo. Para isso, Gallup concebeu o que passou a ser conhecido como *teste da marca*. Levemente anestesiados, chimpanzés foram marcados na testa com tinta vermelha, e depois de despertos receberam espelhos. Quando olharam para o vidro, notaram a marca vermelha em suas testas, tocaram nela e a examinaram usando o espelho. De fato, a imagem era deles. Chimpanzés são nossos primos cognitivos.

Mas macacos comuns não percebem isso, nem cães, nem gatos, nem outras espécies muito inteligentes. Essa percepção seria prerrogativa dos primatas de nível mais alto? Existiria algo específico no cérebro dos primatas? Afinal, somos especiais? Temos de admitir apenas chimpanzés e gorilas no clube para continuar a nos julgar especiais? Reiss pensava na mente de outras espécies inteligentes; queria saber o que os golfinhos fariam com um espelho. Afinal, eles têm cérebros grandes, com mais ou menos a mesma proporção em relação ao corpo que tem o nosso cérebro, mas em todos os outros aspectos são completamente diferentes. Vivem na água e se movem facilmente em três dimensões, não têm mãos nem expressão facial, a não ser aquele sorriso de Mona Lisa congelado; numa porção de outros aspectos pequenos e grandes diferem do mamífero terrestre típico, particularmente dos primatas. Eles são, como diz Reiss, brincando, extraterrestres (ao menos na acepção mais literal). Seu último ancestral comum com os primatas viveu 60 milhões de anos atrás. Se eles se saíssem bem na prova do espelho, esse não seria um truque mental específico dos primatas.

Os resultados do trabalho de Reiss foram publicados, e podemos lê-los em *Proceedings of the National Academy of Sciences* (edição de 2001), mas o que nos interessa aqui é que golfinhos se reconhecem no espelho, passando por todos os comportamentos e fases de reconhecimento clássicos que se veem nos humanos e nos chimpanzés, inclusive o teste da marca. E apesar de os resultados descritos serem muito impactantes, o real valor do trabalho está nas muitas perguntas que suscitou, porque expandiu o enfoque da questão. Antes, ela era: o que faz os primatas serem especiais? Depois, passou a ser: quais os requisitos para que um cérebro desenvolva uma mente? Que características comuns mais profundas existem entre espécies que reconhecem a si mesmas? Por que o autorreconhecimento surgiu em espécies tão diferentes? Enfim, a demonstração dos golfinhos de autorreconhecimento no espelho gerou mais perguntas do que respostas. Que grande experimento!

Porém Reiss ainda não terminou. Junto com Frans de Waal, seu colega e notável primatólogo, ela colaborou num teste de reconhecimento no espelho aplicado a elefantes. Os elefantes não foram escolhidos aleatoriamente, mas foram selecionados porque demonstraram ter algumas características comportamentais que, segundo De Waal e Reiss, favoreceriam o sucesso no teste do espelho. Uma vez que os golfinhos quebraram a exclusividade do clube do autorreconhecimento, seria razoável considerar características que indicassem, em outros animais além dos primatas, um forte senso de si mesmo. E, de fato, animais corpulentos, com cérebro grande, precisaram de pouco tempo para passar pelos agora previsíveis comportamentos que levam ao uso correto do espelho — talvez porque fosse uma coisa nova num cenário não muito interessante com o qual estavam familiarizados. Qualquer que tenha sido a atração inicial, a aparição da própria imagem no espelho foi rapidamente reconhecida e testada por esses mamíferos de cérebro grande.

Reiss considera esse teste parte do elemento-chave para determinar o que faz um animal reconhecer sua imagem no espelho. Lembremos que esses experimentos foram planejados como uma oportunidade para os animais usarem a mente de um modo que pudéssemos interpretar. A conclusão de Reiss é que os animais que se reconhecem no espelho já são altamente inquisitivos. Eles não só observam e lembram coisas em seu próprio meio ambiente — todos os animais fazem isso. E não só aprendem causa e efeito, como fazem os pombos de Skinner — todos os animais aprendem a partir da experiência. As espécies que se reconhecem no espelho "testam as contingências", como Reiss gosta de dizer. "Elas testam ativamente o entorno, buscando os efeitos das causas que as instigam. São cientistas." Muitos animais conferem o espelho quando o veem pela primeira vez, mas rapidamente o descartam por não causarem nenhum efeito. Alguns, porém, o testam mais profundamente. São esses que interessam a Reiss. São os animais cientistas.

A fraternidade dos que se reconhecem no espelho nos experimentos de Reiss inclui pelo menos duas espécies não primatas que têm pouco em comum. Então, qual seria o denominador comum? Existe algum? São muitos? O autorreconhecimento se desenvolveu muitas vezes independentemente, como a percepção de cores? Será que não é tão raro como pensávamos? Será que realmente indica uma autoconsciência, assim como acontece com os seres humanos? Isto é, será que o fato de algumas espécies se reconhecerem no espelho vai além da observação da própria imagem e do proveito oferecido por essa nova informação? Por que teria o autorreconhecimento no espelho se desenvolvido, para começo de conversa?

De acordo com Reiss, o espelho é um tipo de máquina de criar vislumbre; provoca a mente do animal e proporciona um vislumbre daquilo que pode estar acontecendo lá. Seremos capazes de localizar a parte do cérebro ativada durante o uso do espelho? Será um único lugar ou estimulará várias regiões cerebrais? Será que apenas determinados cérebros possuem essa capacidade? O que acontece quando você distorce a imagem no espelho? Outros animais seriam capazes de "captar" a metáfora do espelho na Casa Maluca de um parque de diversões? Ainda se reconhecerão na imagem distorcida? Até onde, dentro da mente de um outro, pode nos levar um espelho?

Reiss quer fazer esse teste com polvos, *invertebrados* muito visuais e surpreendentemente inteligentes. Que caixa de Pandora de perguntas isso é capaz de suscitar? São questões que a cientista suscita, sorrindo.

A dra. Irene Pepperberg usou um método tecnicamente diferente, porém com o mesmo propósito, para trabalhar com um papagaio africano cinzento chamado Alex. Ensinou-lhe um vocabulário de aproximadamente cem palavras para descrever uma variedade de objetos (blocos, tecido, alimento etc.) e qualidades (cor, textura, número etc.), e depois deixou que Alex usasse essas ferramentas linguísticas para manipular seu entorno. Assim como Reiss, Pepperberg queria dar a outro cérebro a oportunidade de mostrar do que ele é feito — no caso, o cérebro de uma ave. A cientista publicou em 2008 um livro muito acessível sobre seu trabalho com Alex, e por isso não vou entrar em detalhes aqui. Quero demonstrar um único ponto, o de como sua estratégia corteja a ignorância. O propósito do treinamento não foi demonstrar que uma ave era capaz de produzir sons aparentemente linguísticos, porque se fosse assim teríamos de manter muitas discussões enlouquecedoramente circulares com Noam Chomsky sobre o que constitui uma "verdadeira" língua. Com o treinamento de Alex, o que se quis foi dar a ele a oportunidade de nos mostrar um vislumbre de seu cérebro. Afinal, o propósito do experimento era testar a capacidade de formular perguntas melhores sobre a função mais elevada do cérebro. Alex foi um sistema-modelo para a consciência. Não, ele não era tão complexo quanto um humano, mas acabou mostrando ter mais poderes mentais abstratos do que se poderia esperar. Aprendeu a contar (de verdade, e não como Hans Esperto), demonstrando um senso de numerosidade que ele depois aplicava para ganhar suas coisas prediletas em maior número. Além disso, formulava novas palavras para expressar novas ideias, combinando expressões já conhecidas. Antes de Alex, quem pensaria em obter um sistema-modelo para a consciência? Ao pulverizar nosso preconceito de que a consciência é um fenômeno exclusivo dos seres humanos, o trabalho de Pepperberg nos permite fazer perguntas mais detalhadas sobre o que é a consciência, do que é feita, quando e por que aparece. Um papagaio falante não é novidade; mas um papagaio que pensa no que diz, é. Isso pode valer também para humanos.

Alex morreu em abril de 2010, subitamente, com 35 anos de idade, um golpe devastador para a pesquisa de Pepperberg. Eis uma das grandes dificuldades em pesquisas dessa natureza: o fator limitador dos objetos em estudo. Em bioquímica, por exemplo, é a morte do pesquisador que interrompe a pesquisa — mas é fácil substituí-lo. Com certeza mais fácil de substituir do que um papagaio pensante.

Irene continua, com novas aves, mas o tempo e o esforço intelectual e emocional dedicado a Alex nunca serão recuperados.

A mensagem desse caso não é apenas que cientistas projetam uma estratégia experimental com base no que não sabem, e sim que a estratégia verdadeiramente bem-sucedida é aquela que lhes fornece pelo menos um vislumbre do que há do outro lado de sua ignorância, e uma oportunidade para ampliar a questão inicial. Isso é progresso.

2. TUDO = 1 (TUTTO = UNO)

Por que os físicos só vão sossegar quando houver uma teoria unificada de tudo? Não existe isso na química ou na biologia. Serão esses campos fundamentalmente diferentes, ou quem sabe não tão maduros como a física? A física talvez constitua o sucesso mais notável da história da ciência, dada sua capacidade de explicar tudo — ou quase tudo. E pode ser que aí resida o senão: parecem faltar apenas uns poucos dados e isso às vezes é pior do que conviver com lacunas inteiras de ignorância. Os físicos sabem muito sobre como as coisas funcionam quando elas são muito pequenas e quase não têm massa — esse é o mundo do quantum; e conhecem as características fundamentais do que é muito grande, o gigante cosmológico — esta é a física da relatividade. Mas não sabem como conectar esses dois universos, e essa é a unificação ilusória. Claro, pode ser também que a grande unificação, se alcançada, revele de imediato novos aspectos, inexplicáveis — por exemplo, quando se afirmou que o átomo era a unidade "indivisível" da massa, houve o reconhecimento de que havia partes que o constituíam, antes inimagináveis. E não é de hoje que os físicos falam, numa escolha semântica que soa um tanto nefasta, da "matéria escura" e "energia escura", invisíveis (no sentido mais profundo de serem indetectáveis diretamente) mas constituindo a maior parte do universo, e essa talvez seja (ou não) parte da grande unificação.

Mas e se essas duas físicas, a grande e a minúscula, não puderem ser fundidas? Bem, então haverá numerosas perguntas às quais os físicos não serão capazes de responder. Algumas eles já conhecem, mas de outras talvez tenham apenas um indício nebuloso. Muitas têm a ver com questões bem fundamentais — a verdadeira natureza da massa, do tempo, do começo do universo, de por que ele é como é. Nessa conjuntura, os físicos cruzam a cosmologia com um campo que veio a ser chamado de *astrofísica*, no qual fazer perguntas sobre o universo lá fora, extremamente lá fora, acaba sendo útil para formular indagações sobre a física aqui mesmo. O universo astronômico tem condições laboratoriais que nunca poderiam ser encontradas na Terra. Na medida em que somos capazes de observar o que está acontecendo lá fora — e na medida em que confiamos que a física na Terra e no sistema solar não é diferente (isto é, obedece às mesmas leis) daquela existente nos mais longínquos confins do universo —, os físicos podem elaborar perguntas fundamentais sobre a natureza da matéria e da energia no laboratório do cosmo.

Soa muito bem, mas há alguns sérios problemas associados aos astrofísicos que usam o universo como laboratório. Primeiro: ninguém pode, efetivamente, chegar lá. Segundo: nenhum de nós é capaz de fazer experimentos com "ele". Terceiro: como somos parte do cosmo, mensurá-lo com objetividade pode ser desastroso. Quarto: o limite temporal, a velocidade da luz, impõe ao tempo um horizonte, de modo que não poderemos observar o cosmo como ele deveria ser visto. Na verdade, olhar para o espaço lá fora é olhar para trás no tempo, de modo que toda a história do universo nos é apresentada — olhe lá fora na direção certa e poderá ver qualquer período do passado, mas não o "aqui". Essa enlouquecedora confusão de tempo e distância é apenas um dos sérios problemas que a cosmologia oferece. Quinto: só existe um universo, e por isso não se pode ter uma grande amostra. E se acaso algum desses problemas for resolvido, há muitos mais na fila.

Bem, parece então que existe ignorância mais do que suficiente para estimular pesquisas, o que deveria sugerir que esse é um sistema ideal. Na verdade, a astronomia e a astrofísica forneceram testes, provas e soluções para problemas que vão da gravidade aos calendários do mundo antigo, passando pela tabela periódica da química e a teoria geral da relatividade de Einstein. Seu poder é inegável. A invisível ignorância desses dois campos da ciência produziu provas e dados inimagináveis, como uma estrela negra de nêutrons expelindo partículas. A astronomia é um verdadeiro laboratório, porque nela existem camadas de perguntas cada vez mais profundas.

Os cientistas que se comprazem com essas perguntas irrespondíveis são em geral adeptos ou da abordagem teórica ou da experimental. Essa antinomia, que já foi muito competitiva, hoje não é tão distinta, pois ambas as abordagens se tornaram dependentes uma da outra. Ainda é verdade que os teóricos, principalmente, manipulam equações matemáticas, ao passo que os experimentalistas coletam dados, mas os teóricos dependem dos dados experimentais para sustentar suposições, validar previsões, e, em alguns casos, distinguir qual, entre diversos modelos matematicamente equivalentes, é realista — em termos físicos. E os experimentalistas dependem dos modelos derivados dos teóricos para projetar experimentos e interpretar dados. A história a seguir tem como protagonistas três cientistas adeptos do campo que abrange do teórico ao experimental. Mas acautelo o leitor para que não seja demasiadamente paroquial quanto a essas definições.

Brian Greene é um físico teórico muito conhecido por suas elegantes descrições de conceitos de difícil compreensão que compõem os mundos tipo Alice no País das Maravilhas da relatividade e da mecânica quântica. Ele é um unificador. Sua física, que primariamente é expressa em matemática, busca uma descrição verdadeira do universo que habitamos, baseada no que observamos e em alguns palpites sobre o que seríamos capazes de observar se tivéssemos tecnologia para tanto. E este universo provavelmente não é intuitivo. Greene acredita que nosso cosmo não seria complicado, no sentido de ter muitas partes móveis a rastrear; seria sofisticado e até poderia empregar equações matemáticas difíceis, mas não necessariamente complicado.

Uma das estratégias de Greene é tentar elaborar a explicação metafórica dos insights matemáticos que a princípio parecem tão do outro mundo. "Levar a cabo uma experiência", como ele coloca, é desenvolver uma visão intuitiva (ou melhor, não intuitiva) da relatividade e da mecânica quântica. Isso pode não ser tão improvável quanto parece. Pode-se imaginar que, se Einstein tivesse vindo antes de Newton, todos poderíamos ter uma visão diferente do mundo. Seria normal pensar no tempo como algo maleável e na gravidade como uma característica geométrica do espaço. Nossas noções newtonianas cotidianas da gravidade, com seus corpos maciços "atraindo-se" mutuamente, pareceriam complicadas (como lhe dirão muitos estudantes de física no ensino médio) e cheias de fórmulas à primeira vista arbitrárias. Greene trabalha duramente nisso, em compreender o mundo a partir de um ponto de vista incomum e não intuitivo. Podemos dizer que essa aptidão foi a chave para a ruptura inovadora de Einstein: ele desejava contornar a experiência — no caso, uma perspectiva newtoniana — e imaginar a vida como um fóton montado num feixe de luz.

Quão contraintuitivo poderá ser o universo de Greene? Ele pensa que as ideias de espaço e tempo não vão aparecer na descrição fundamental do universo. Serão conceitos derivados, assim como a temperatura é uma unidade derivada — é o resultado do movimento rápido de moléculas num gás ou num líquido, mas uma única molécula que se move rapidamente não tem nenhum calor. Sua teoria favorita se baseia em cordas que ocupam onze dimensões, e elas podem não incluir as quatro dimensões familiares de espaço e tempo. Nem mesmo temos a linguagem necessária para fazer perguntas sem envolver paradoxos e inconsistências lógicas: na afirmação "O tempo desaparecerá no começo do universo", por exemplo, que se quer dizer com "começo"?

Como é possível ter pensamentos tão afastados de nossa própria linguagem que acabam por dificultar sua formulação e causar frustração tanto ao enunciador quanto ao ouvinte no momento em que são expressos? Ora, para isso existe a matemática, porque ela não possui os mesmos limites conceituais das línguas faladas. Nela há regras computacionais; você as segue e obtém resultados. Às vezes você é obrigado a fazer suposições muito estranhas, porque do contrário obterá resultados que não são interpretáveis — resultados matematicamente corretos, mas sem significado. Greene e seus colegas usam a matemática, fazem suposições que às vezes parecem fantasiosas — mas que eles assim mesmo defendem —, obtêm resultados improváveis e depois tentam compreender como esses resultados poderiam descrever o universo. Tudo isso num dia de trabalho. Caso esse método não funcione, eles voltam a atacar sob um novo ângulo, com outro conjunto de estratégias matemáticas. Têm seus vislumbres em equações que desafiam e estimulam a imaginação.

Na verdade, Greene tem uma abordagem um tanto cavalheiresca em tudo que faz. Isso cria certo impacto porque ele é a representação pública do controverso modelo da teoria das cordas, e era de supor que tivesse investido muito no eventual sucesso dessa teoria como modelo prevalente para a unificação da física. E embora esteja muito confiante de que o modelo vá funcionar, que se comprovará como correto, que ele está no caminho certo, também está preparado para demonstrações contrárias, capazes de provar que sua teoria está errada, e descobrir que esteve perseguindo um gato preto ausente do quarto escuro. "Se a teoria das cordas estiver errada, quero saber imediatamente"; não haveria sentido em perder mais tempo com ela. Claro, quase nunca alguém está completamente errado ou propõe algo de todo irrelevante — mas também é raro alguém estar totalmente certo. A principal questão é o envolvimento com o universo — certo e errado são conceitos usados por apostadores, políticos, juízes e similares. A ciência está em outro lugar. Está com o engajamento. Do engajamento vem o inesperado, a intuição súbita, a compreensão abruptamente óbvia. E a nova ignorância.

O astrônomo David Helfand, que pende mais para o lado experimental do que ao teórico, aguardava a explosão de uma estrela próxima. Quando digo "próxima", é importante lembrar que termos como "próximo" e "distante", em astronomia, não têm o mesmo sentido de quando vamos à casa de um amigo. Helfand espera um acontecimento local, aqui na Via Láctea, em nossa vizinhança de até 100 mil anos-luz de distância. Uma supernova especialmente brilhante apareceu em 1181 e foi registrada como "estrela visitante" em relatos religiosos e históricos e em diários pessoais na China e no Japão. (Informação adicional interessante sobre o que não sabemos que não sabemos: o evento não foi muito notado, ou ao menos não muito registrado, na Europa medieval, onde ainda prevalecia a visão aristotélica de um mundo composto por esferas celestes perfeitas e inalteráveis.) Uma estrela nova e com muito brilho não era considerada importante o suficiente para um registro; não parecia provável que fosse muito mais do que uma "perturbação", o que mostra como é fácil deixar passar coisas fundamentais na ciência. Em contraste, outra supernova, que podia ser detectada a olho nu no céu noturno, ocorreu em 1572. Agora em plena Renascença, mais livre da tirania da autoridade clássica, ela foi registrada por astrônomos em toda a Europa. Na verdade, foi usada como argumento contra a visão aristotélica de esferas imutáveis. Estrelas, ao explodir, deixam traços que podem dizer algo sobre o material de que eram feitas, como operavam e por que chegaram ao fim. A morte de uma estrela é uma espécie de cena do crime astronômica, e a ciência usa uma abordagem forense, analisando o que foi deixado para trás a fim de reconstruir e compreender as causas de um evento difícil de prever. É crucial saber com exatidão quando a estrela explodiu — a hora da morte, por assim dizer — porque a interpretação de todo o restante depende disso. Esses dados também ajudam o pesquisador a "estar" o mais próximo possível do evento. Atualmente Helfand se vale de registros históricos de fenômenos estelares para datar as explosões, mas o verdadeiro prêmio seria assisti-las ao vivo, ter os telescópios e instrumentos apontados para a estrela a poucos segundos de sua efetiva explosão. (Houve uma supernova em 1987, mas, diferentemente do evento de 1572, foi em outra galáxia, e longe demais para ser tão útil quanto uma que ocorresse em nossa vizinhança.) Os dados que se poderiam obter de uma observação desse tipo esclareceriam muitas questões que ainda intrigam os cientistas. Quão rapidamente os elementos esfriam, isto é, dissipam energia? O que acontece com os núcleos atômicos e os quarks que os constituem sob condições que nunca poderiam ser replicadas na Terra? O que acontece ao espaço-tempo na região imediatamente vizinha da estrela que explode? Todas essas são grandes perguntas. É claro que Helfand gostaria de contar com uma sorte astronômica para estar por perto quando um desses eventos memoráveis acontecesse. Quem não gostaria?

Claro que alguma explosão pode ter acontecido sem que a tivéssemos visto. Por exemplo, a estrela vermelha que fica no canto superior direito de Órion (Helfand admite que é a única constelação que ele conhece) está prestes a apagar, mas, como se encontra a quatrocentos anos-luz de distância, o brilho que nos chega dela é o mesmo da época em que Shakespeare escrevia suas peças. Se ela tivesse explodido na noite da estreia de Hamlet, por exemplo, a notícia (ou melhor, a luz) desse evento ainda não teria chegado até nós. Uma coisa estranha no tocante ao universo é que temos mais conhecimento de seu aspecto no passado do que de seu aspecto no presente. Talvez Betelgeuse tenha explodido há muito tempo numa espetacular bola de fogo, mas continuamos sem saber. No universo profundo só enxergamos o passado; nunca conseguiremos enxergar o agora.

A situação atual é que Helfand, como muitos astrônomos e cosmólogos, vive numa zona de tempo distorcido, onde as coisas acontecem muito lentamente e depois muito rapidamente, sem aviso prévio, mesmo sendo cataclísmicas. Helfand estuda um evento astral que tem somente oitocentos anos de idade, valendo-se de técnicas que o constringem a fazer observações mais ou menos a cada dez anos (dependendo do lançamento de algum novo satélite com novos instrumentos); em seguida os dados fluem à razão de milhões de bits por segundo e podem, às vezes, ser interpretados em minutos. Mas são necessários longos dias para Helfand completar uma análise mais profunda, e semanas ou meses para publicá-la.

A tremenda abrangência da escala de tempo na ciência não é algo que se costuma reconhecer. Os cientistas estudam alguns eventos que se desenrolam durante éons e alguns que duram milionésimos de milionésimos de segundo. Conquanto a ciência continue ao longo de gerações, é raro que um cientista, individualmente, abrace um problema que não possa ser resolvido durante sua vida. Helfand admite, de maneira sardônica mas um pouco triste, que morrerá sem respostas para um dos problemas no qual trabalha no momento, simplesmente porque a Nasa mudou de planos e não lançará a instrumentação necessária nos próximos trinta anos.

Quanto a duração de uma vida de trabalho determina o modo como os cientistas organizam suas perguntas? A maioria de nós raramente considera isso de maneira consciente ao falar sobre programas experimentais ou quando identifica importantes questões nas quais gostaria de trabalhar. Esses objetivos de longo prazo são brevemente mencionados no fim de resenhas, são imaginações futurísticas com pouco efeito sobre as tarefas cotidianas da maioria dos cientistas.

Helfand fez uma lista das questões que poderiam impactar a astronomia nos próximos quatrocentos anos, sem levar em conta, óbvio, a duração de sua vida ou a de qualquer outro pesquisador. Elas constituem os centros da ignorância: matéria nuclear com densidade maior do que a de núcleos normais; a identidade da matéria escura; a polarização de micro-ondas em radiação de fundo, que leva à medição de flutuações de quantum (mais adiante, outras informações sobre essa expressão que soa tão aterradora); a reconciliação da relatividade geral com a mecânica quântica (é a grande teoria do campo unificado); a identidade da energia escura; ondas gravitacionais como um possível teste da teoria das cordas e de universos pluridimensionais. Uma lista respeitável. Comecei esta seção dizendo que, por todas as perguntas que gerou, poderíamos considerar a física uma das ciências mais bem-sucedidas. A lista de Helfand nem teria sido concebida por alguma das grandes mentes da física cem anos atrás.

Amber Miller, uma verdadeira astrofísica experimental, pratica uma espécie de arqueologia do universo. Ela procura traços fósseis de um universo muito primevo no que sobrou do evento explosivo inicial que deu existência a tudo. Usando esses fósseis, ela faz perguntas detalhadas sobre o universo inicial para que possamos compreender por que ele se tornou aquilo que é, seja lá o que for.

Os números empregados pelos astrônomos são grandes — tudo lá fora é inimaginavelmente vasto. É uma experiência memorável ouvir essas cifras e vê-las escritas nas equações dos teóricos, com frequência em notações especiais que permitem expressar um número grande sem escrever todos aqueles zeros. Isso também faz com que seja mais fácil não discernir sua grandeza. O número 10^{21} simplesmente não é registrado na mente da mesma maneira que 1 seguido de 21 zeros: 1 000 000 000 000 000 000 000. Mas para um astrofísico experimental, alguém que faz efetivamente essas medições e constrói equipamentos segundo especificações determinadas por esses números, isso tudo se torna mais real — ou curiosamente menos real, porque você constata como essas distâncias e esses tempos são de fato incompreensíveis.

Miller deseja descobrir o que aconteceu no momento inicial do universo. O momento muito, muito inicial — digamos, os primeiros 10^{-35} segundos de sua existência. Ora, é um número muito pequeno, mas no mundo de espelho dos astrofísicos isso significa olhar para uma grande distância, uma distância muito grande, porque em astrofísica distância é tempo. A luz daqueles primeiríssimos momentos no universo tem de viajar até nós a partir de onde hoje é a borda do espaço em expansão. "Há muito tempo" quer dizer "muito longe".

O universo cria espaço à sua frente. A primeira explosão — o Big Bang, como é chamado — criou tempo e espaço, e como a borda daquela explosão se move para fora, ele continua a criar tempo e espaço. O universo não está se expandindo tanto assim: como o espaço aumenta, as coisas dentro do universo, galáxias e semelhantes, simplesmente ocupam esse espaço expandido. Falar sobre essas coisas faz lembrar como é importante formular perguntas da maneira apropriada. Não faz sentido perguntar o que há do outro lado das bordas do universo que se expandem. Não há nada; ainda não foi criado. Só porque uma pergunta pode ser feita, isso não a torna significativa.

Tentando compreender o que acontece nessas bordas, Miller procura fósseis cosmológicos enviando para a atmosfera exterior balões carregados de instrumentos sofisticados, capazes de medir uma coisa chamada *radiação cósmica de fundo em micro-ondas*. Na década de 1940 sugeriu-se que, se tivesse realmente havido uma explosão do tipo do Big Bang, que deu início ao universo, então, mesmo depois de todos esses bilhões de anos, ainda deveria haver algum traço dela permeando o cosmo. Calculou-se que esse traço seria um zumbido com uma frequência muito baixa, como o ruído no rádio quando não se consegue sintonizar uma estação. Em uma das grandes histórias sobre serendipidade na ciência, exatamente esse ruído foi descoberto por dois cientistas nos laboratórios da Bell, quando tentavam se livrar de um som persistente e irritante que perturbava um novo radiotelescópio que ambos estavam testando. Esse zumbido não era um defeito do instrumento, e sim a radiação cósmica de fundo deixada pelo Big Bang: um fóssil com 13,7 bilhões de anos de idade.

O que esse fóssil mostra é um tanto curioso e leva a um enigma na cosmologia. O zumbido universal, a radiação cósmica de fundo [CMB, na sigla em inglês], é aproximadamente o mesmo em todas as direções. Isso sugere que as coisas lá fora são bem homogêneas — lembrando que, quando dizemos "lá fora", estamos nos referindo a "lá atrás no tempo", porque em astrofísica só conseguimos ver o que teve tempo de chegar até nós viajando à velocidade da luz. É por isso que os astrônomos medem distância com uma unidade chamada *ano-luz*. Nesse mundo da Rainha de Copas é mais fácil ver o passado do que o presente. Olhar para "atrás no tempo" nos leva a uma questão sutil. O cosmo que vemos hoje é muito maior do que o universo observável algum tempo atrás. Nos últimos dez anos, ele aumentou de tamanho num raio de dez anos-luz; assim, as regiões do universo que vemos agora não podiam ser observadas 10 bilhões de anos atrás. E, se essas regiões não puderam ser vistas naquela época, então certamente não interagiram umas com as outras. Assim, como são as mesmas agora? É como se, no presente, víssemos uma condição causada depois que as regiões interagiram — isto é, o resultado parece ter vindo antes de sua causa. Não parece nem um pouco lógico. Lembra a Rainha de Copas dizendo a Alice que ela era capaz de acreditar em seis coisas impossíveis antes do desjejum.

A única solução para esse problema, denominado *problema do horizonte*, foi proposta pela primeira vez por Alan Guth e colegas de Stanford, em 1980. Eles sugeriram que pouco depois da explosão inicial houve um *período inflacionário* no qual o universo subitamente entrou numa expansão acelerada e depois se tornou mais lento, expandindo-se de modo constante, mais ou menos como o observamos hoje. Naquela ocasião, coisas que estavam bem próximas foram repentinamente separadas nessa expansão mais rápida do que a luz, e agora estão ainda mais afastadas enquanto o universo continua a se expandir num ritmo mais "normal". Como isso aconteceu logo após o evento inicial (em algum momento dos primeiros 10^{-35} segundos), pode ser que todo o universo observável em que nos encontramos agora não passasse de um fragmento de um centímetro no momento da inflação. Devo dizer que essa não é uma ideia tirada da cartola, embora pareça. Há boas razões para acreditar que no universo muito, muito inicial as condições eram propícias a essa expansão acelerada. A ideia de um período inflacionário resolve numerosos problemas além do *evento do horizonte* e tem sido aceita num ou noutro formato, embora os astrofísicos admitam que a prova disso ainda é tênue.

Uma das principais provas do modelo inflacionário veio do trabalho de físicos experimentais como Amber Miller, que mediu com requintada precisão a radiação cósmica de fundo, presumivelmente ocorrida logo após essa expansão acelerada, quando o universo teve seu "big bang quente" e separou a matéria da energia. O que Miller e outros descobriram pode inicialmente parecer o contrário da prova, pois o que detectaram são perturbações muito pequenas nessa uniforme radiação de fundo. Chamam-se *anisotropias*, uma palavra que infelizmente soa difícil para expressar uma ideia relativamente simples: significa que o fundo cósmico de micro-ondas não é o mesmo em todas as direções — há borrões e interferências aqui e ali. Esses borrões podem ter sido o resultado de flutuações muito pequenas de quantum nesse pedaço de universo com um centímetro de tamanho; depois foram "espichados" para escalas astronômicas pela expansão inflacionária. Durante centenas de milhões de anos essas densidades esparsas acabaram se unindo, formando galáxias e estrelas e planetas — de fato, não estaríamos aqui não fosse por elas e pela inflação.

Eis aí um caso em que se mistura tudo que há de melhor na ciência — serendipidade numa descoberta (a radiação cósmica de fundo em micro-ondas) que resultou da construção de um instrumento mais sensível (o radiotelescópio) e deu origem a uma teoria bastante imaginativa sobre o início do universo (inflação) que pretendia resolver alguns paradoxos profundos na teoria aceita (a do Big Bang), e que levou os cientistas a construir dispositivos mais sofisticados para medições sensíveis, e isso tudo desembocou numa teoria de como galáxias e estrelas e nosso planeta — e nós — surgimos a partir do ponto primordial. O círculo, entretanto, não está fechado; teóricos ainda trabalham nessa questão, e Miller continua lançando balões, agora procurando ondas gravitacionais efêmeras — "se elas estiverem lá", diz a astrofísica —, outro gato preto num quarto escuro.

111

Fizemos uma rápida incursão pela física e pela cosmologia ilustrada por três pesquisadores que são exemplos de abordagens diferentes para perguntar como o universo realmente é. Brian Greene se preocupa com as questões mais profundas de como descrever um universo que não somos capazes de imaginar, mas que pode ser resolvido matematicamente; David Helfand vê a solução de problemas muito difíceis porém acessíveis tomando o universo como seu laboratório e criando com isso uma longa lista de novas perguntas; e Amber Miller quer conhecer um momento no tempo que ocorreu bilhões de anos atrás, momento que se poderia chamar de "criação" e que talvez ofereça um limite fundamental àquilo que podemos saber de nosso universo.

Essa história traz um aspecto importante a respeito do que a ignorância pode ou não fazer. Com a ênfase nas perguntas, você ouviu e compreendeu, espero, algumas das mais sofisticadas questões da cosmologia e da física modernas. Mas seria capaz de resolvê-las? Não. Você não tem os instrumentos, a matemática, a intuição, a capacitação técnica, para ser um físico. A ciência é uma atividade técnica e às vezes difícil; requer treinamento e experiência — muito treinamento e muita experiência. Mas qual é exatamente a questão? O ponto crítico não é todo mundo se tornar cientista, mas sim compreender o que acontece no mundo da ciência, quais são as apostas, do que realmente se trata. A ciência não é exclusiva; ela não pertence a uma panelinha de intelectuais que falam uma língua secreta. Você é capaz de acompanhar um evento esportivo sem ter treinamento ou habilidades de atleta. Você pode apreciar um quadro ou uma sinfonia sem ter o know--how de um artista plástico ou de um músico. Por que não agir assim também em relação à ciência? Envolver-se com detalhes de resultados de experimentos ou com sistemas ou com equações diferenciais faz tanto sentido quanto ficar envolvido com estruturas de acordes e harmonias numa composição musical.

3. AQUELA COISA COM A QUAL VOCÊ PENSA QUE PENSA

A coisa mais esperta que já ouvi dizerem sobre o cérebro veio do humorista Emo Philips. "Sempre pensei que o cérebro fosse o órgão mais maravilhoso do meu corpo; e então um dia me ocorreu: 'Espera aí, quem é que está me dizendo isso?'"

A tirada vai direto ao coração do problema, com o perdão da metáfora distorcida.

Porque, veja, o único e maior problema para compreender o cérebro é possuir um. Não que ele não seja inteligente o bastante. Ele não é confiável. A experiência, em primeira pessoa, de ter um cérebro não é nem de longe parecida com nenhuma explicação em terceira pessoa de como ele funciona. Somos sistematicamente enganados por nosso cérebro. Construído como foi por pressões evolucionárias no sentido de resolver problemas — tais como encontrar alimento antes de se tornar alimento —, ele é mal equipado para solucionar questões tais como explicar seu funcionamento. Assim como as descrições em mecânica quântica do mundo físico são estranhamente não intuitivas para nosso cérebro, as explicações biológicas e químicas do cérebro são, estranhamente, ainda menos intuitivas para o próprio cérebro. Mencionei na última história que um problema difícil para astrofísicos e cosmólogos é o de perspectiva — eles estudam algo, o universo, dentro do qual vivem. Pode-se dizer o mesmo em relação ao cérebro.

Tentemos, por exemplo, imaginar quais são as perguntas mais importantes a serem feitas sobre o cérebro. Em nossos termos: onde está a melhor ignorância? Durante mais de cinquenta anos o sistema visual serviu como um dos primeiros sistemas-modelo para a pesquisa do cérebro. A retina, peça de tecido cerebral com cinco camadas que cobre o lado interno do fundo do globo ocular, e que já foi chamada de cérebro minúsculo, processa inputs visuais num complexo circuito de células conectadas que manipula a imagem bruta, vinda do mundo exterior, e a faz seguir adiante para os centros cerebrais mais elevados, onde são ainda mais processadas, até que uma percepção visual chega à nossa consciência — e tudo isso num átimo de poucas dezenas de milissegundos. Um rebatedor num jogo de beisebol profissional tem menos de quatrocentos milissegundos para decidir se rebate uma esfera com cerca de 7,5 centímetros de diâmetro percorrendo, a quase 150 quilômetros por hora, a distância de 18,5 metros a partir do arremessador. Como a tomada de decisão e o movimento muscular coordenado para balançar o bastão abarcam parte desse tempo, o trabalho do sistema visual tem de ser realizado em algo como 250 milissegundos. Sofisticado, não? Com certeza vale a pena compreender como isso acontece. Deve ser alguma ignorância cerebral de alta classe. Bem, vejamos.

Devido à aparente dificuldade das tarefas visuais e ao pouco ou nenhum esforço com que parecemos realizá-las, o sistema visual tem sido considerado um avançado desenvolvimento da evolução. Realmente, um dos argumentos mais comuns contra a evolução, e que sempre preocupou Darwin, é como algo tão maravilhosamente complexo como o olho pode ter se desenvolvido em pequenas etapas de mutações aleatórias. (De fato, parece que sistemas visuais de vários tipos, alguns melhores do que o encontrado em mamíferos como nós, evoluíram em não menos de dez momentos diferentes na evolução — contraintuitivamente, parece bem fácil desenvolver olhos.) Por sermos desses animais que se orientam visualmente, supomos, com razão, que a visão é um processo cerebral de nível bastante elevado, e que portanto o estudo da visão nos dirá muito sobre como o cérebro faz todas as outras coisas espantosas que faz. Há tantos neurocientistas trabalhando no sistema visual que eles formaram um subcampo com seu próprio encontro anual para discutir a pesquisa atualmente em curso. A Associação para Pesquisa em Visão e Oftalmologia [ARVO, na sigla em inglês] tem mais de 12 mil membros. O olho é um exemplo perfeito de um sistema-modelo — a retina é acessível, bem organizada (significando que tem um número limitado de tipos de células conectadas entre si em padrões estereotípicos chamados circuitos — isto é, pode-se fazer um diagrama das conexões da retina de modo muito parecido com o que se pode fazer de um rádio) e desempenha uma tarefa bem definida, embora complicada. Portanto, ela pode ser investigada por si mesma, até porque revela princípios fundamentais sobre o modo como o cérebro todo funciona. Até aqui, tudo bem.

E o que poderia ser considerado o lado oposto da escala seria uma tarefa como caminhar — algo trivial, simples, que toda pessoa saudável com mais de doze meses de idade é capaz de fazer. Parece não envolver pensamento, ser reflexa, inconsciente, e por isso a temos como garantida, uma vez que aparentemente usa tão pouco do poder do cérebro. No beisebol, correr até a primeira base parece exigir neurologicamente muito menos do que acertar a bola.

Mas acontece que adoramos produzir tecnologia que imita o sistema visual — fotografia, televisão, algoritmos de reconhecimento de padrão. A ação de fazer o que o sistema visual faz pode ser reproduzida, pelo menos de maneira imperfeita, em nossa tecnologia. Esse não é o caso do caminhar. Mais de um século de pesquisa na robótica não levou à produção de uma máquina capaz de fazer andar mais que alguns passos com as duas pernas, sem mencionar o andar para trás ou a subida em um plano levemente inclinado, e muito menos vencer degraus. Caminhar sobre duas pernas é, de várias maneiras, uma tarefa mental mais complexa e exigente do que muito do que acontece no sistema visual. Daniel Wolpert, da Universidade de Cambridge, gosta de ressaltar que o supercomputador Deep Blue, da IBM, é capaz de vencer um grande mestre no xadrez, mas que ainda não foi desenvolvido um computador que possa mover uma peça de xadrez de uma casa a outra tão bem quanto uma criança de três anos de idade.

Então, qual é a coisa mais complexa para o cérebro? Enxergar ou movimentar? O que constituiria o melhor sistema-modelo para compreender como o cérebro funciona? Ter 12 mil cientistas olhando para o sistema-modelo errado? Para ser breve: é bem possível.

O sistema nervoso é dividido em dois principais ramos funcionais: os sistemas sensoriais e os sistemas motores. Há outros modos de distinguir as várias funções do sistema nervoso (consciente versus instintivo, por exemplo), mas esta parece ser a mais fundamental. E a separação entre sensorial e motor tende a dividir também os neurocientistas. Em grande parte da neurociência, ou se é um pesquisador do campo sensorial ou um pesquisador do campo motor.

Os sistemas sensoriais incluem os cinco sentidos básicos — visão, audição, tato, olfato e paladar —, embora haja muito mais sentidos que poderiam ser incluídos nessa lista, que não foi revista substancialmente desde que Aristóteles a enunciou pela primeira vez. No campo do tato, por exemplo, para me ater a um deles, existe dor (perfurante e latejante), temperatura, coceira, fricção e esfregação, e toque duro e macio. E há o sexto sentido, a "propriocepção", palavra que eu ainda tenho de pensar para articular, e que significa apenas conhecer a posição do próprio corpo, sobretudo a da cabeça, a qualquer momento. Raramente entra na lista como um dos sentidos principais, mas sem ela o mundo estaria saltando à nossa volta de maneira estonteante, e não seríamos capazes de ficar de pé ou sentar, muito menos andar, e é duvidoso que tivéssemos a sensação real de estar no mundo.

Sistemas motores se referem às partes do cérebro que desencadeiam e controlam a ação ou o comportamento, isto é, o movimento. Alguns desses movimentos podem ser grandes, como procurar alguma coisa, realizar um feito atlético ou caminhar, e outros podem ser bem discretos e inconscientes, como os pequenos mas constantes movimentos dos olhos, chamados "sacadas", ou movimentos regulares e repetitivos, como mastigar ou respirar.

Admitamos, no entanto, que consideramos o sistema motor menos atraente do que os charmosos sistemas sensoriais que nos propiciam a percepção de uma bela pintura, um concerto, um perfume ou uma refeição excelente, que nos permitem apreciar uma paisagem magnífica ou um rosto bonito; e além disso nos alertam para o perigo, nos impedem de ficar esbarrando nas coisas e parecem fazer com que a vida seja mais interessante. Mas acontece que o sistema motor — ele até soa como uma máquina entediante, uma espécie de parte mais vocacional do que intelectual do sistema nervoso — pode ser a chave de uma existência cognitivamente rica. É por isso que ter um cérebro é um obstáculo para a compreensão de seu funcionamento. Nossas considerações quanto a quais partes dele são mais interessantes ou mais complexas contêm tantos e terríveis vieses que chegam a ser praticamente inúteis — pior que inúteis, obstáculos.

Considere que uma das mais altas aptidões cognitivas que temos é a linguagem. A comunicação de ideias por meio da fala, talvez unicamente humana, nos permitiu desenvolver e transmitir todas as manifestações importantes da cultura — arte, história, filosofia, ciência. E essa atividade cerebral mais cognitiva de todas é basicamente uma ação motora — nós falamos controlando e coordenando uma vasta rede de músculos em nossos tórax, garganta, língua e lábios. André Breton, o líder do movimento surrealista, se é que se pode dizer que o movimento teve um líder, certa vez observou que a velocidade da fala é mais acelerada do que a do pensamento. Sim, basta pensar quando deixamos escapar algo do qual nos arrependemos de imediato. Mas além dessas implicações engraçadas, se dedicarmos um momento de atenção ao assunto, veremos que ele é sem dúvida verdadeiro. Não pensamos muito, se é que pensamos, nas palavras que proferimos em meio a uma conversa — elas simplesmente "saem". Todo esse aparato supostamente de alto nível cognitivo no cérebro acaba sendo um ato motor quase reflexo.

Assim, o cérebro, e como ele funciona, pode constituir a maior pergunta na ciência biológica. Mas fizemos as pequenas perguntas corretas? De filósofos até estudantes de graduação, todos parecemos fascinados com o debate sobre a possibilidade de um cérebro compreender a si mesmo. Ao longo da história o cérebro sempre tem sido comparado à mais complexa tecnologia então existente — pneumática e hidráulica para Aristóteles e os gregos e romanos da Antiguidade, com seus fabulosos aquedutos e sistemas de esgoto; depois ele foi uma espécie de relógio, quando os recém-inventados instrumentos cheios de molas e de alavancas em miniatura faziam as pessoas chegar a tempo na igreja e enquadravam os humanos nessa miserável rotina de prazos e horários; depois foi uma máquina complexa na Revolução Industrial, e mais recentemente um computador; e hoje em dia é comparado, previsivelmente, com a web. As duas coisas comuns a todas essas comparações são: o reconhecimento de que o cérebro é muito complicado e todas elas são, de modos diferentes, mecanicamente incorretas. Ainda não sabemos como o cérebro funciona.

Seria possível dizer muita coisa sobre ele e sobre o campo da neurociência, especialmente sobre aquilo que não sabemos. Tudo que foi escrito sobre o cérebro é necessariamente incompleto, e isso não é menos verdadeiro para a história seguinte. Para construí-la, juntei e montei trabalhos de muitos neurocientistas. Concentrei-me em três deles, que procuram compreender o cérebro ao reconhecer, antes de mais nada, que nosso conhecimento atual, resultado de décadas da moderna pesquisa do cérebro, por mais rico que seja, encerra um viés, e pode nos estar levando a direções enganosas. Os neurocientistas desse grupo seleto, que trabalham com um contingente muito maior de colegas que não estou mencionando especificamente, têm recuado até antes do surgimento de algumas de nossas concepções atuais, fazendo perguntas fundamentais que, supunha-se, haviam sido resolvidas. Em palavras mais simples, eles na verdade vêm criando novas áreas de ignorância onde pensávamos que as coisas já eram sabidas. E isso é progresso.

Larry Abbott é um neurocientista teórico. Ou seja, é uma pessoa real e um cientista real, mas faz perguntas sobre o funcionamento do cérebro usando modelos matemáticos gerados em computador para saber como partículas e pedaços do cérebro funcionam. O valor desse tipo de trabalho é poder formular perguntas para as quais não existem atualmente bons experimentos, para as quais a tecnologia não está disponível ou as quais envolvem considerações éticas. Modelos matemáticos gerados em computador são capazes de usar ao mesmo tempo 1 milhão de neurônios ou mais, enquanto experimentalmente é impossível verificar a atividade de uns poucos neurônios. Modelos fazem isso usando estatísticas, e isso é matematicamente complicado. Assim, melhor deixar essa parte para os profissionais. Mas só para dar um gostinho de como isso pode funcionar, imagine que você quisesse descobrir qual é a pressão do ar no aposento em que está agora. Poderia usar um modelo que descrevesse o comportamento médio de moléculas de ar, e não seria essencial conhecer a atividade atual — posição, velocidade e direção — de cada molécula de ar, em cada momento, para determinar a pressão do ar no recinto. O comportamento médio de um número muito grande de partículas individuais pode resultar num valor muito exato. Pode ser assim também no caso do cérebro. Conhecer a atividade média de neurônios em circunstâncias diferentes poderia predizer com grande exatidão como o cérebro realiza uma tarefa, até mesmo uma tarefa complexa.

O trabalho teórico em biologia é relativamente novo, comparado com a física, em que tem uma longa e bem-sucedida história. Na verdade, Abbott, como muitos outros neurocientistas teóricos, foi de início treinado como físico. A aplicação da matemática a problemas biológicos ocorreu lentamente, mas em nenhum caso ocorreu tão rápido ou com tanta importância como nos estudos do cérebro. Não sem resistência, porque as aptidões matemáticas necessárias para fazer esse trabalho não costumam integrar o treinamento de um biólogo. Grande parte do que os teóricos fazem tem a aura do simbolismo cabalístico — múltiplas equações e símbolos estranhos se amontoam e cobrem as páginas dos seus artigos, nas revistas. São feitas premissas "simplificadoras" que não parecem nem simples, nem óbvias. Entre os experimentalistas existe quase sempre a suspeita de que todo esse nhe--nhe-nhem é apenas um blefe para esconder a ausência de dados.

Mais atrás estabeleci uma comparação entre a neurociência e a física quântica, ressaltando que esta última não era intuitiva para nossos cérebros. Para avançar mais um passo, a diferença entre a física moderna e a ciência do cérebro é que os pensamentos não intuitivos que são necessários na física podem ser alcançados com a linguagem da matemática. Na biologia não usamos a matemática dessa maneira — pelo menos ainda não. A objeção que os biólogos manifestam em relação às equações é que elas são extremamente simplificadoras, que não se pode captar numa equação a complexidade da biologia, de um sistema biológico, seja uma única célula, seja todo um animal. Bobagem, digo eu. Pode-se captar todo o universo físico com algumas equações. Esse é outro caso do pensamento pré-copernicano a se insinuar em nosso raciocínio como se fosse conhecimento já estabelecido. Já que o cérebro parece ser complicado, então sua explicação tem de ser assim também.

Devo admitir que não sou dotado de sofisticação matemática para acompanhar a maior parte das proposições teóricas produzidas por esses neurobiólogos computacionais, como vieram a ser chamados. Mas creio que eles têm um acesso especialmente forte à ignorância. Isso se deve, pelo menos em parte, à sua capacidade, na qualidade de físicos modernos, de usar a matemática para fazer perguntas difíceis, talvez impossíveis de serem expressas com palavras. Tendo a matemática como linguagem, você não elabora descrições que soam como paradoxos, como a tirada de Emo Philips no início desta seção. Quando se trata de fazer perguntas sobre o cérebro, os teóricos têm a vantagem adicional de não serem tolhidos pelas limitações técnicas que costumam ser parte do experimento, e de não se limitar a descobertas anteriores — descobertas que muitas vezes não resultaram de boas perguntas, mas sim da disponibilidade de certas capacitações técnicas para produzir certos tipos de dados (veja minha observação anterior sobre picos de voltagem no sistema nervoso, no capítulo 2). Claro que há avanços técnicos também na matemática — novas proposições, novas técnicas, mais poder de cálculo. Sua aplicação em sistemas nervosos tem sido bem-sucedida — mas ainda assim o campo teórico não é tão limitado como o experimentalista.

Abbott é muito atento quanto a escolher "exatamente onde, ao longo da fronteira da ignorância, [ele quer] trabalhar". Na aula, foi interessante ouvi-lo falar desse problema. Ele afirmou que para um teórico toda essa liberdade é um desafio. Sem a restrição técnica, é muito mais difícil estabelecer um limite. "Quero afirmar que desejo descobrir as raízes da consciência, mas acredito que, se eu dissesse isso, não chegaria a lugar nenhum." "Você sabe que, se se arriscar demais em sua pesquisa, não vai completar nada. Ou você pode agir com segurança e colher recompensas por fazer essencialmente a mesma coisa mais e mais vezes", mas isso não é ter um trabalho muito completo e "você tem de se obrigar a não fazer isso". Na verdade, precisa encontrar a "coisa que amplia seus limites", fazer o que considera honesto e questionar: "O que dou conta de enfrentar pessoalmente?". "Você também tem de conhecer a época em que vive. Há informação bastante para progredir? Em que momentos você admite não ser capaz de resolver a questão?" "Então é necessário fazer introspecção, e esta é a parte boa. Mas você tem de adivinhar também, e pode adivinhar errado. Não existem garantias." Espero ter mostrado que existe esforço aqui, e reconhecer que esse esforço segue em paralelo com o trabalho efetivo, que se trata de um esforço constante, para a frente e para trás, sempre tentando localizar aquele doce local da ignorância. Vejamos isso em ação.

Abbott tem algumas perguntas "simples". "Esta manhã, quando abri a geladeira, notei que o suco de laranja estava acabando. À noite, ao voltar para casa, lembrei de parar na mercearia para comprar. O que aconteceu em meu cérebro para introduzir esse pensamento e resgatá-lo no tempo certo, dez horas depois?" A simplicidade dessa pergunta, como a questão de compreender como caminhamos, pode ser decepcionante. Abbott chama de *memória do lugar-comum* o grande número de coisas não excepcionais, nem praticadas, de que lembramos, mas que assim mesmo ocupam espaço em nosso cérebro. Tudo isso parece irrelevante, fácil de ignorar, de descartar como não importante. Está muito entrelaçado à nossa vida cotidiana; fazemos isso todo dia, o dia inteiro e à noite. Seria fácil deixar passar esse tipo pateticamente óbvio de atividade neural, por ser comum demais para se tornar significativo. Mas quando pensamos muito sobre essa questão, notamos que ela fica mais difícil de entender. Em especial quanto ao funcionamento do cérebro, essa é uma pista de que podemos estar diante de algo mais interessante.

O que há de tão atraente no exemplo do suco de laranja? Nesse caso, existe um atraso, uma protelação. Você pensa nisso pela manhã e não pensa novamente até mais de dez horas depois, após um dia no qual seu cérebro fez uma porção de outras coisas — se você for um neurocientista teórico como Larry Abbott, terá realizado coisas muito complicadas. No entanto, acontece: às vezes evocado por algum tipo de "deixa", você avista a mercearia, vê um anúncio sobre maçãs, o rádio noticia algo sobre judeus em algum estabelecimento na Margem Ocidental, ou qualquer uma das zilhões de coisas que podem estar, de modo forte ou fraco, relacionadas com suco de laranja. E com frequência não se trata de uma "deixa" discernível, isto é, consciente. Como é que o cérebro mantém essa memória nada especial viva por tanto tempo?

Há um tipo semelhante de memória, chamada *memória de reconhecimento*, que vale a pena mencionar porque parece ter uma grande capacidade para isso. Existem experimentos famosos, nos quais se apresentaram aos participantes cerca de 10 mil imagens num tempo relativamente escasso — apenas relances de cada uma. Depois, quando se mostrou um segundo grupo de imagens, pedindo que fossem identificadas quais já tinham visto, eles conseguiram responder com uma quase inacreditável exatidão de mais de 90%. Não fossem os espantosos números envolvidos, esse não pareceria um teste para pesquisar o funcionamento do cérebro — apenas ver de relance algumas figuras e lembrar se já tinham sido vistas. Você não tem de fazer uma lista das cenas que já viu (o que seria muito difícil); não precisa descrever as cenas (seria difícil também); só tem de identificar as que lhe são familiares. E conseguir fazer isso com 10 mil delas, obtendo mais de 90% de exatidão!

Essas e algumas outras considerações semelhantes começaram a incomodar Abbott. Estávamos deixando passar alguma coisa? Não parecia que nossas ideias sobre lembranças formadas por sinapses que ligam e desligam pudessem realmente descrever esse nível de capacidade de memória dinâmica — milhares de lembranças por dia, algumas desvanecendo, algumas durando mais, muitas nem sequer lembradas conscientemente, a maioria logo esquecida, pelo menos em seus detalhes. Vê-se então que, ao se fazer a pergunta correta (e que poderia ser feita com a mesma facilidade cinquenta anos atrás), abre-se muito sutilmente uma janela. Quase hesito em usar aqui a metáfora da abertura da janela porque ela sugere um raio brilhante de luz entrando num quarto escuro, quando na realidade é quase o contrário — um quarto aparentemente bem iluminado é escurecido de repente pela insidiosa entrada de uma inimaginável ignorância que estava logo ali do lado fora. O que achamos que sabemos tão bem não pode ser a história toda; e pode não conter nada da verdadeira história.

Mais ou menos no início da década de 2000, Stefano Fusi, outro neurocientista computacional vindo da física, trabalhava nessa mesma questão. Ele e Abbott chegaram, cada um por si, a um resultado que pareceu catastrófico para a compreensão do funcionamento da memória. A partir de 2005, ambos somaram forças e trabalharam juntos. Stefano foi também visitante em meu curso sobre ignorância, anos depois de Larry Abbott. O restante dessa história entrelaça os trabalhos dos dois.

A natureza catastrófica do problema foi que, se todos os modelos atuais de como as memórias permanecem em nossa mente fossem verdadeiros, nós simplesmente não teríamos sinapses suficientes para nos lembrar das coisas que lembramos, todas essas memórias de lugares-comuns. E a diferença não era minúscula, de uma ou duas casas decimais, ou um pequeno ajuste. Ela era, bem... catastrófica. Todos os modelos aceitos para a formação da memória se baseavam na noção de que as lembranças eram compostas de certo número de sinapses — as conexões entre as células de nossos cérebros — cuja força se modificara, e num momento posterior essa rede de sinapses ativas poderia ser acessada e seria percebida como uma memória. A suposição era que, assim como nos computadores, quanto mais "interruptores" (sinapses no cérebro, transistores no computador) você tivesse, mais poderia lembrar. Isso se chama *escalabilidade*. Num sistema escalável, o processo pelo qual se obtém algo permanece o mesmo, e se você quiser obter mais, é só acrescentar mais hardware (isto é, interruptores). O cérebro humano tem mais de 100 trilhões de sinapses (número representado como 10^{14}, isto é, dez multiplicado por si mesmo catorze vezes). Assim, mesmo que uma memória requeresse cem sinapses (10^2), haveria hardware bastante para 10^{12} memórias — cerca de 1 trilhão de memórias, o que parece mais do que suficiente.

Porém Fusi e Abbott (juntamente com outro neurofísico híbrido chamado David Amit, que fora o mentor original de Fusi) tropeçaram num problema desanimador em uma das premissas dos modelos aceitos. Sem entrar em detalhes técnicos, eles descobriram que o número de memórias num cérebro biológico úmido e quente não está em escala com o número de interruptores (sinapses), como é o caso dos transistores de uma máquina de computação fria e dura. Em vez disso, estão em escala apenas com o logaritmo do número de sinapses. O logaritmo é aquele número que lhe diz quantas vezes é preciso multiplicar por dez — em outras palavras, o número de memórias num cérebro com 10^{14} sinapses é no máximo catorze, não 1 trilhão. Catorze! É isso que eles entendem como catástrofe. (Para ser exato, os três fizeram a escala usando algo chamado logaritmo natural, mas nesse caso o resultado acaba sendo cerca de 36, uma melhora não muito significativa.)

Quando Fusi chegou a esse resultado, era ainda um jovem cientista, e um físico ainda menos jovem, e não conseguiu que nenhuma revista importante o publicasse. Um encontro acidental e uma conversa com Larry Abbott revelou que este também tinha deparado com um resultado semelhante, mas desconfiava dele, dadas as consequências. Começaram a trabalhar juntos, e o resultado se tornou cada vez mais robusto. Mas essa discrepância, chamemos assim, ainda era amplamente ignorada pela comunidade da neurociência até Larry receber um convite para uma palestra no encontro anual da Sociedade para a Neurociência, em 2004. Ele apresentou suas descobertas com Fusi a uma plateia numerosa e cativa.

O que é crucial nessa descoberta é que ela muda quase tudo no modo como pensamos que o cérebro acumula memórias. Embora Fusi e Abbott tenham demonstrado isso com cuidadosos cálculos, você pode fazer uma apreciação intuitiva do problema — um sistema que aprende rapidamente, como faz nosso cérebro no modo de lugar-comum, também esquecerá rapidamente. Isso porque memórias novas são formadas de maneira constante, e se sobrescrevem às antigas, de modo que nada dura muito tempo enquanto o cérebro está ativo. Muito rapidamente as sinapses utilizadas numa memória começam a se incorporar a outras, e então resta cada vez menos da memória original até ela se tornar irreconhecível, isto é, nós a esquecemos. Isso também nos diz que o esquecimento se deve à degradação da memória, não ao tempo, como a maioria de nós imagina, e sim pela atividade contínua do cérebro. O esquecimento, especialmente do tipo que tanto preocupa as pessoas — como esquecer onde você pôs suas chaves ou por que entrou naquele quarto —, não se deve tanto à idade quanto à sobrecarga dessa pobre engenhoca. Memórias novas se sobrepõem às antigas até mesmo numa escala de minutos.

Temos, é claro, memórias duradouras, mas isso requer que o sistema que produz as memórias faça isso de maneira muito lenta, lenta demais para explicar nossa experiência normal de reconhecer um grande número de coisas familiares. Uma memória bem praticada ou excepcional pode funcionar assim — um aprendizado em longo prazo exige um processo mais lento, e por isso é mais difícil. Não só existe mais de um tipo de memória, como também existe mais de um tipo de mecanismo de lembrança.

Bem, esta história tem um final feliz, pelo menos para um livro sobre ignorância, porque a catástrofe permanece não resolvida. Como diz Fusi, "estávamos estudando um problema, não uma solução". Claro que existem algumas hipóteses, que na maior parte são do tipo que nos exige olhar para coisas que nunca olhamos antes, porque os princípios estabelecidos não apontam para a solução. A solução é um novo quarto escuro com novos gatos correndo ali — ou não.

John Krakauer é um neurocientista ousado, cujo comportamento refinado e sotaque britânico quase disfarçam uma inabalável rigidez científica. Médico de formação, foi atraído pela pesquisa durante a residência e nunca mais a deixou. Usando talvez o polo oposto da abordagem teórica, ele chegou a uma conclusão semelhante, de que os sistemas motores são a improvável chave para compreender como funciona o cérebro. Dois de seus mantras são: "Plantas não têm sistemas nervosos porque não vão a parte alguma" e "A razão de existir é agir". Ele agora pratica clínica médica e conduz um programa de pesquisa. Seu senso de humor rápido e característico contradiz sua reflexão profunda sobre até onde pode ir a ação do cérebro. Krakauer fez à minha classe uma pergunta simples: "Qual músculo se contrai primeiro quando se aperta um botão no elevador?". Essa não deveria ser uma questão difícil. Basta fazer um retrospecto, projetando um filme em nossa cabeça, de nós mesmos levantando a mão para apertar um botão no elevador. Já fizemos isso centenas, milhares de vezes, mas a resposta ainda nos choca: "Os músculos gastrocnêmios", ele diz, "em sua perna (o gastrocnêmio é um dos dois músculos longos da panturrilha), do mesmo lado do braço que você vai levantar para apertar o botão. E se não fizer isso, contraindo esse músculo ligeiramente antes de erguer seu braço pesado (quase quatro quilos!) como uma alavanca estendida, você vai desabar". O que é tão chocante nisso é que nosso cérebro resolveu o problema, nada trivial se considerarmos a engenharia, fazendo antecipadamente esses ajustes estruturais em músculos que de forma alguma estão perto do braço que está sendo erguido, e nós não temos acesso a esse processo. Imagine quanto isso fica mais complicado quando você carrega compras no outro braço, mas não vê nenhuma dificuldade nisso.

Esse exemplo me faz lembrar uma pertinente pergunta do filósofo Ludwig Wittgenstein: "Quando você ergue um braço, seu braço sobe. Mas o que vai restar se você subtrair o fato de que seu braço subiu do fato de que você ergueu o braço?". Temos a noção de que nessa minúscula coisa que restou, para a qual não achamos um nome — intenção? pensamento? decisão? —, há uma resposta muito importante.

Uma questão ainda mais profunda, que à primeira vista vai parecer tola (é assim que as questões profundas frequentemente se disfarçam), é a seguinte: como é que todos nós buscamos o botão do elevador mais ou menos com a mesma velocidade? Krakauer demonstra isso estendendo a mão para sua "dose dupla de leite desnatado extraquente", perguntando por que todos optamos pela mesma velocidade e o mesmo movimento quando esticamos a mão para uma xícara de café. Ninguém faz isso devagar ou rápido demais, e se alguma pessoa agisse assim você lhe atribuiria algum problema mental ou físico. Essas marcantes regularidades aparecem nas mais simples ações. Praticamente todo mundo segue uma linha mais ou menos reta para chegar à xícara — não por cima ou por baixo ou por inúmeras outras maneiras. Na verdade, essa é uma questão duradoura na neurobiologia da ação — chamada *problema dos graus de liberdade*: se há um número quase infinito de maneiras de pegar uma xícara, por que todos escolhemos a mesma? "Por que não há uma procrastinação infinita enquanto o cérebro tenta determinar qual das muitas possíveis maneiras ele vai utilizar?", indaga o jovem dr. Krakauer, para logo em seguida responder: "Ninguém sabe". Ninguém sabe.

Claro que há muitos fatores sobre os quais teorizar — maximização da eficiência, velocidade $\times$ erro, dispêndio de energia —, e há equações e gráficos de dezenas de experimentos que descrevem os efeitos desses e de outros fatores na escolha do movimento. Mas nenhum deles explica o mistério. O dr. Krakauer ressalta, no entanto, que esses são elementos importantes no projeto de programas de reabilitação para pacientes com AVC e outros com patologias do movimento. Em que deveríamos trabalhar para melhorar as sequelas da perda de movimento e de coordenação? Quais os aspectos críticos da execução de movimentos perdidos por patologia ou lesão?

Pacientes do mal de Parkinson são um exemplo interessante. A doença é marcada, externamente, por movimentos mais lentos, desde caminhar até pegar uma xícara de café. Porém, como observa Krakauer, sem rodeios, "eles nunca vão conseguir superar isso". Se o problema envolvesse algum tipo de *deficiência de execução* — pouco controle muscular ou danos na comunicação entre nervos e músculos —, seria provável que sofressem muito mais lesões acidentais do que sofrem. Parece que aqui falta alguma explicação, e isso deu início a uma série de experimentos com pacientes de Parkinson que apontaram numa direção totalmente diferente de disfunção muscular. Esse é um caso exemplar, no qual uma pergunta simples — por que pacientes de Parkinson se movimentam lentamente? — não batia com as condições observadas (eles não sofrem acidentes); e chegar à pergunta certa, não apenas a mais observações, era a chave para compreender o que acontecia.

Vale a pena examinar a questão com profundidade, porque a resposta é inesperada e abre as portas, o que seria improvável, para um entendimento de como se desenvolve uma aptidão (no esporte, por exemplo) e a uma nova perspectiva da cognição. Este é um exemplo maravilhoso de como um pouquinho da ignorância certa pode levar a surpreendentes insights em áreas aparentemente não relacionadas.

A resposta, ou pelo menos a resposta parcial, é que pacientes de Parkinson, nos estágios iniciais da doença, menos debilitantes, acreditam se movimentar na velocidade certa; simplesmente estão enganados quanto a isso. Se alguém gritar "Fogo!" num recinto cheio de pacientes de Parkinson, eles vão chegar à porta antes de todo mundo. Eles são capazes de se movimentar bastante bem; "escolhem" andar lentamente. Mas por que essa escolha? Bem, não adianta perguntar a eles, pois são incapazes de responder. Mesmo reconhecendo que se movimentam mais lentamente que os demais — e isso pode até lhes trazer embaraço —, na realidade eles não sabem por que isso ocorre. Esse é um exemplo de por que o cérebro é um instrumento tão ruim para compreender seu funcionamento — ao menos mediante reflexão. Você pode pensar nisso quanto quiser, e nunca terá acesso a que seu cérebro faz a todo momento. Apenas tem acesso a um resultado, um comportamento ou uma percepção que poderiam ter sido alcançados de numerosas e indistinguíveis maneiras. Aliás, você não é capaz — mais do que é capaz um paciente de Parkinson — de relatar por que optou pela velocidade com que caminha ou pega objetos.

Então, quais são as possíveis razões pelas quais os pacientes de Parkinson adotam aquela velocidade? Talvez porque calculem mal o limite exato da velocidade — isto é, quão rápido você pode se movimentar sem cometer erros graves, como cair ou derramar o café. Observar alguém tentando atravessar um lago congelado usando sapatos escorregadios, por exemplo, revelaria que o modo de andar dessa pessoa e sua postura pareceriam muito parkinsonianas. Isso porque ela estaria calculando o risco de cair.

Outra possibilidade é que os pacientes de Parkinson talvez avaliem mal o dispêndio de energia. Sua relutância em se movimentar mais rápido aumenta porque algum cálculo implícito do dispêndio de energia deu errado. Pense em si mesmo pegando um copo d'água na mesa — você poderia fazer isso muito mais depressa do que costuma fazer e ainda assim isso não o derrubaria nem derramaria a água. Por que "escolhemos" agir mais lentamente do que somos capazes? Seres de outro planeta diriam que nos movimentamos com penosa vagarosidade. Será que decidimos, de algum modo inconsciente, que não vale a pena o esforço de pegar o copo mais depressa?

Em diversos testes nos quais se pediu a pacientes de Parkinson que realizassem alguma ação com mais velocidade do que prefeririam, não houve diferença na precisão da ação em relação ao grupo de controle, composto por participantes saudáveis. Em outras palavras, o problema não estava na precisão do movimento. A questão é que os pacientes parecem fazer um cálculo errado do custo em energia de se movimentar a certa velocidade, e esse erro de cálculo os leva a se mover devagar. Poderiam fazer isso mais depressa, mas não estão motivados para agir assim. Essa noção não intuitiva pode juntar uma variedade de fatos antes disparatados, formando uma explicação, ou pelo menos um modelo, de como o controle do movimento poderia se relacionar com um fenômeno como o do vício e o da aptidão. Preste atenção a isto: é uma ideia capciosa, mas vale a pena.

A patologia do mal de Parkinson é conhecida já há algum tempo. Um pequeno conjunto de 25 mil neurônios, bem no interior do cérebro, começa a morrer por motivos desconhecidos. Não são muitos neurônios (comparados com os mais de 80 bilhões do cérebro), e é surpreendente como sua perda pode causar efeitos tão devastadores e disseminados. Descobriu-se, algum tempo atrás, que esses 25 mil neurônios fazem amplas conexões através do cérebro e que se comunicam com outros neurônios por uma substância química chamada *dopamina*. A dopamina é utilizada por muitas outras células cerebrais além desse grupo de 25 mil e parece ter uma confusa gama de efeitos sobre o cérebro — de controle de movimentos a vícios, de circuitos de recompensa no aprendizado à esquizofrenia.

O efeito da dopamina no movimento — ao menos no movimento lento dos pacientes com Parkinson — é na realidade uma questão de cálculo de recompensa. A diminuição dos níveis de dopamina causada pela perda daqueles 25 mil neurônios compromete o sistema de recompensa do cérebro. Os pacientes não estão motivados (note que a palavra *motivado* tem a mesma raiz de *motor*) a se movimentar mais depressa porque não há recompensa por isso. A enigmática gama de ações da dopamina fica mais evidente quando se começa a pensar que os comportamentos são calculados pelo cérebro como tendo um valor a eles associado — e assim movimento e recompensa não estão tão desconectados quanto se poderia pensar numa simples introspecção. É surpreendente e, novamente, contraintuitivo, porque calcular recompensas parece uma atividade cognitiva — envolve planejamento, previsão, experiência adquirida, intuição — "se eu fizer isso, quais são as probabilidades de ser recompensado e não desapontado, ou pior?". O novo e "quente" campo da neuroeconomia, que tenta compreender nossas predileções e aversões em relação ao jogo e à tomada de risco, usa cálculos nada diferentes daquele que o cérebro desenvolveu para verificar o custo-benefício de alcançar um pedaço de fruta a uma determinada velocidade. Assim, a dopamina é ao mesmo tempo parte do sistema motor e do sistema de recompensa — não por acidente, mas porque o sistema motor e o de recompensa estão muito conectados em nossos cérebros pré-históricos. Quem teria imaginado?

Destaquei dois pequenos exemplos do trabalho de neurocientistas que não versam necessariamente sobre grandes questões, como a natureza da consciência, as patologias do desenvolvimento do sistema nervoso, o aprendizado, a memória. Certamente os cientistas pesquisam esses temas, mas as perguntas que estão sendo feitas hoje em dia são bem mais detalhadas. De extrema importância, elas nascem de questões quase óbvias — tão óbvias que não atraíram muita atenção durante décadas. O resultado tem conduzido um campo aparentemente maduro a uma nova direção — procurando em quartos escuros gatos pretos que ninguém tem certeza de estarem lá. Exatamente quando parecia que os neurocientistas haviam exaurido o tema dos sistemas sensoriais e determinado alguma explicação de como o cérebro funciona, toda uma nova área de ignorância se abriu diante de nós, com uma promessa ainda maior. Essas novas perguntas provam quão cheio ainda está o mágico poço cerebral — cheio de questões ainda não imaginadas pelo cérebro que está sendo estudado.

4. AUTOBIOGRAFIA

Como um cientista chega às perguntas que determinam o curso de sua vida? Que debate pessoal leva um jovem cientista a um ou outro campo, a um conjunto de desconhecimentos, a um grupo de perguntas em torno do qual ele irá construir um laboratório, um grupo de pesquisa, uma carreira, uma vida? Já vimos que a escolha das perguntas é um ato essencial na ciência. Pode ser surpreendente que com tanta frequência se dê como um lampejo, um insight, uma epifania, como se diz. Mas em muitas dessas experiências uma reflexão cuidadosa demonstra que de fato houve uma longa, talvez clandestina, preparação para o momento do reconhecimento. Seremos capazes de recuperar esse processo? Conhecer a história vale alguma coisa? É mais elucidativo do que atribuí-lo a um feliz acidente? Em retrospecto, muitas vezes é possível enxergar o percurso que talvez não tenha sido muito aparente ao longo da jornada. Com a perspectiva, talvez se possa extrair algo sensível de uma odisseia que, sem isso, pareceria aleatória. Existe, é claro, o perigo de que "em retrospecto" acabemos por destilar uma narrativa ordenada e linear do que foi, na verdade, um processo caótico. Mas essa é a natureza da memória e do desejo de compor uma história.

Decidi, então, relatar minha experiência pessoal, a história de meu próprio caso. Nela existem alguns elementos incomuns, e eles servem para destacar muitos fatores decisivos, os que vêm da intenção e os que vêm do acaso, comuns na criação de histórias de carreiras científicas. E certamente existe, entrelaçada a tudo isso, ignorância mais do que suficiente para prover uma ou duas lições.

Assim, aqui está: Stuart Firestein, professor de neurociência no Departamento de Ciências Biológicas, Universidade Columbia, Nova York.

Cheguei tarde à ciência, após uma carreira, entre tantas outras, no teatro, onde passei mais de quinze anos trabalhando profissionalmente como diretor de palco e de peças. Cheguei a ter minha própria companhia teatral. Atualmente existem programas universitários para treinamento em teatro, mas meu caminho, o tradicional, foi começar como aprendiz de profissionais e aprender sozinho, observando artistas. Você começava como auxiliar de palco, montando cenários e equipamentos de iluminação, comparecendo a reuniões de planejamento de apresentações, trabalhando na iluminação ou mudando cenários nos espetáculos noturnos. Então, se quisesse e fosse bom o bastante, era promovido a assistente do diretor de palco, uma posição especialmente interessante porque se assiste a todos os ensaios, mas à qual não se atribui um determinado conjunto de responsabilidades. Faz-se simplesmente o que aparece, desde servir café até copiar roteiros, organizar acessórios para os ensaios e o que mais aparecer. A coisa boa desse cargo é passar muito tempo nos ensaios, envolvido na produção mas não sobrecarregado de responsabilidades, e assim ter a oportunidade de ver como as coisas funcionam — e, tão importante quanto, como não funcionam. Pude observar como os atores trabalhavam as cenas e desenvolviam os personagens, enquanto diretores tentavam achar a melhor encenação e desenvolver um sentido de conjunto. Eu era parte da produção, mas também estava a uma distância crítica que me permitia aprender enquanto fazia. É um sistema, constato, não muito diferente do modo como treinamos estudantes de pós-graduação em nossos laboratórios, e que eu recomendo veementemente. Não é tão fácil criar uma condição em que você tem ao mesmo tempo perspectiva e envolvimento, que o seduz mas pela qual você não é totalmente responsável, na qual fica mergulhado sem as pressões do compromisso. Ter um ambiente assim parece fundamental para um processo de tutoria que nos permita explorar perguntas. Esta é uma lição da história desse caso.

Eu buscava uma carreira razoavelmente bem-sucedida como diretor teatral, às voltas com uma variedade de produções, de obras experimentais de vanguarda a projetos francamente comerciais, sobretudo com companhias de toda a Costa Leste dos Estados Unidos. Eu sempre brincava dizendo que minha cidade natal naquela época era o Corredor Nordeste do Amtrak. No início de 1979 apareceu em meu caminho uma oportunidade, que aproveitei por impulso e provavelmente porque precisava de dinheiro, para ir a San Francisco com uma produção itinerante. Um tanto para minha surpresa, descobri que o cenário teatral lá era atraente, e decidi ficar e explorá-lo. Alguns anos depois eu estava envolvido numa produção de sucesso que prometia uma longa temporada, o que deixava meus dias relativamente livres.

Havia muito eu tinha interesse pelo comportamento animal, que até então se limitara a leituras de cunho popular; aquele momento incomum de um emprego estável me deu a oportunidade de explorar esse interesse com mais seriedade. Decidi fazer um curso na faculdade local, a San Francisco State University, onde descobri um curso de comunicação animal ministrado por um professor chamado Hal Markowitz. Menciono esse nome porque foi um acaso muito feliz tê-lo encontrado. Ele se tornou um mentor importante para mim, e mentores são fundamentais na história de qualquer cientista. Era a primeira faculdade que eu fazia — e lá estava eu, um estudante de trinta anos. Achei sensacional. Alguém se posta diante de um grupo de pessoas e lhes diz tudo que ele/ela sabe sobre alguma coisa. Que grande ideia, quem pensou nisso? Pelo que sei, acho que foi Aristóteles.

Hal Markowitz, meu Aristóteles contemporâneo, era um sujeito generoso com conhecimento acumulado, mas também tinha muito cinismo acumulado. O campo do comportamento animal é capaz de atrair muitas pessoas que gostam de animais e têm relações profundas com seus bichos de estimação e com outros, com os quais trabalham como voluntários. Em geral são sujeitos encantadores, de coração muito bom, mas raramente são cientistas. Hal Markowitz não era nada disso; para ele, o comportamento animal era uma ciência tão séria quanto a física, e não menos rigorosa. Fiquei impressionado porque, francamente, eu era uma dessas pessoas que se interessam pelo comportamento animal porque gostam de animais. Não que Hal não gostasse de animais; gostava, e de um modo que acredito ser mais verdadeiro do que o da maioria — ele gostava de animais pelo que eram, não por quão semelhantes aos humanos eles podiam ser. Ele não estava interessado em saber se o pensamento animal se aproximava do pensamento dos humanos; interessava-o o pensamento animal, ponto. Queria conhecer todos os tipos de animais e como se comportavam porque a própria variedade da biologia era para ele a origem de intermináveis perguntas. A intensidade da investigação de Hal — para mim, o tema não passara de um hobby — era algo bem novo, impactante. Nunca imaginei quanto se poderia inferir do comportamento animal, quantas perguntas profundas poderiam ser feitas se você se recusasse a se satisfazer com uma exploração superficial ou apressada. Era uma aventura.

Hal fazia perguntas difíceis. Um cão urinando numa árvore tem intenção de comunicar alguma coisa? Ele sabe qual é a mensagem que o próximo cão vai farejar? E qual é a mensagem que um veado que se esfrega numa árvore comunica ao predador? Qual a diferença entre elas? É melhor estudar o comportamento animal em ambiente natural, como Konrad Lorenz e a escola europeia de etologia, ou no laboratório, como B. F. Skinner e a disciplina americana do behaviorismo? Filosoficamente, a resposta a essa pergunta favorece os etologistas, mas não se pode descartar o poder explanatório dos behavioristas.

Hal me fisgou. Fiz outro curso com ele e nos tornamos amigos (ainda somos). Ele me convenceu a frequentar mais cursos de biologia e a considerar a ideia de seguir uma graduação. Com trinta anos, trabalhando no teatro desde os dezoito, nunca tinha pensado em me graduar. Será que daria conta da seriedade da química, da física, da matemática? Hal assegurou-me que sim, embora até hoje eu não tenha certeza de que ele tivesse mesmo toda essa convicção. Matriculei-me como estudante de graduação em tempo integral, mas por via das dúvidas continuei fazendo algum trabalho no teatro à noite, como técnico, na maior parte. Para a graduação em biologia, a química era matéria obrigatória e eu me dei conta de que seria um grande desafio. Precisaria desafiar Orgo, como a química é chamada pelos estudantes, o grande monstro que distingue e separa os verdadeiros estudantes de ciência dos que não têm tanto interesse por ela. Ou era essa sua reputação. Se não conseguisse passar por Orgo, saberia que a graduação estava fora de meu alcance. Assim, fui estudar química o mais cedo que pude. Para grande surpresa de todos, principalmente a minha, este passou a ser meu curso favorito e um de meus melhores. Pelo menos parte do motivo foi que a química orgânica requer muita memorização, e é aí que ela ganha a reputação de ser impossível. Mas memorização era algo trivial para mim. Durante cerca de quinze anos eu tinha memorizado roteiros como meio de vida. Como você vê, frequentemente a gente não sabe a bagagem que carrega, e esta é a segunda lição desta história.

E porque para mim a memorização não era um problema, a complexidade da química baseada no carbono, um dos mais lindos sistemas regrados do universo, foi, digamos... divertida. Eu fiz um *ace* contra Orgo e parecia estar no caminho certo. Para onde? Quatro anos depois eu era bacharel de ciências em biologia. Estava orgulhoso dessa conquista, mas, verdade seja dita, a graduação não tinha valor, no sentido de alterar a minha vida. Uma carreira em biologia requeria uma graduação mais alta, um ph.D. obtido numa escola de pós-graduação. Eu me candidatei em alguns programas e pensei em deixar meu destino nas mãos dos comitês de admissão. Se fosse aceito na pós-graduação, abriria mão do teatro para sempre e minha carreira passaria a ser na ciência; se não, voltaria ao teatro em tempo integral, com meu diploma, meu orgulho, e uma formação curiosamente interessante para um diretor teatral. Em retrospecto, é notável que eu tenha deixado uma decisão que ia alterar minha vida nas mãos de um comitê anônimo, mas desde então aprendi que frequentemente é isso que acontece. Os cientistas são um estranho grupo nessa questão — eles procuram controlar cada aspecto de um experimento, mas as decisões quanto a suas vidas, eles as deixam com comitês e comissões de avaliação cujos membros são quase sempre anônimos.

Acontece que alguém da área de neurociências da Universidade da Califórnia, em Berkeley, ligou para dizer que meu projeto fora aceito. Com certeza um erro administrativo, pensei. Não obstante, topei no mesmo instante e, com 35 anos de idade, larguei o teatro para sempre e me apresentei no curso de pós-graduação.

Gostaria de ter uma narrativa sensata e coerente sobre tudo isso, mas, como se pode ver, foi tudo muito por acaso — alguma sorte, um excelente mentor, o nível certo de preparo, mais um pouco de sorte e talvez um erro administrativo. O comediante Will Rogers costumava dizer que não escolhemos o amor, nós é que esbarramos nele. Penso que se pode dizer o mesmo da ciência. Mesmo aqueles que desde seu terceiro aniversário sabem que serão cientistas não são capazes de dizer exatamente como acabaram fazendo o que fazem. Experimentam isso ou aquilo, deparam com um professor ou um estudante de pós-graduação que os toma sob suas asas e os contagia com seu mistério, e pronto.

Apenas em retrospecto parece que a ciência e você foram feitos um para o outro. Essa é a falácia de afirmar que você planejou isso, o que não é muito diferente dos argumentos enganosos contra a evolução, com suas mutações aleatórias e seleção post hoc. Uma vez conhecida a função de algo, esse algo sempre parece ter sido planejado. Eis aqui o grande salto intelectual de Darwin — perceber que estruturas tão utilitárias como os olhos não foram feitos para seu propósito, o olhar; eles é que foram selecionados para satisfazer o propósito de enxergar. Costumamos nos maravilhar com as milagrosas circunstâncias que unem dois amantes. Com mais de 7 bilhões de pessoas habitando o planeta, como aquelas duas pessoas, tão idealmente feitas uma para a outra, se encontraram? Quais são as probabilidades? Devem ser muito boas, motivo pelo qual isso acontece com regularidade. Primeiro, é um engano acreditar que só existe uma pessoa no mundo "perfeita" para cada um de nós. Provavelmente há milhares. Além disso, com frequência começamos com um alguém menos que perfeito, e a cada amor a perfeição aumenta. Do contrário, nos divorciamos. É esse o caso com a ciência? Com certeza não faltam questões, e espero que já tenhamos estabelecido isso. Você então se depara com as perguntas, dificilmente pode evitá-las, e depois, abruptamente, uma delas gruda em você, por razões talvez inescrutáveis e que, afinal, talvez não importem. Uma delas te fisga porque a isca parece especialmente saborosa, ou você está especialmente faminto. E depois às vezes ela não dura muito, e vocês se divorciam. Esta é a terceira, ou quarta, lição desta história cada vez mais bizarra. Há muita coisa a ser dita sobre como obter o máximo de acasos felizes, e se basear em acasos felizes não é vergonhoso. Mas tenha em mente que "o acaso favorece a mente preparada", conforme a famosa observação de Louis Pasteur.

Frequentemente me perguntam se sinto falta do teatro, e penso que as pessoas se referem a excitação, glamour, criatividade. A resposta é "não". De glamour não sei muita coisa; lembro de trabalho duro, horas tardias da noite, exaustão, medo, discussões, pessoas gritando. Somente momentos fugazes ofereciam o que chamam de "glamour". Assim, quanto a isso não há nada do que sentir falta. Mas quanto à excitação e à criatividade não creio que a ciência fique atrás do teatro ou de qualquer outra arte. Conheci atores que se apresentaram na noite da estreia com o mesmo desempenho que tiveram no início dos ensaios, seis semanas antes — e que não era muito diferente do papel que desempenhavam em tudo o mais que faziam. Conheci diretores que utilizavam o mesmo conjunto de truques em todas as produções; na verdade, muitas vezes eram contratados pelos produtores devido a esse confiável conjunto de truques. Não é isso que considero criativo. Claro, conheço cientistas que são assim, sujeitos cujo trabalho é prosaico, imitativo e repetitivo. Mas há também os criativos, assim como há artistas criativos, e esses cientistas não são menos aventurosos, não menos ousados, não menos perceptivos do que os melhores artistas.

E a excitação — temo que seja impossível exprimir por completo a excitação da descoberta, de ver o resultado de um experimento e saber que você agora sabe algo novo, fundamental, e que pelo menos naquele momento, no mundo inteiro, somente você sabe. Quando eu era estudante de pós-graduação, uma noite estava trabalhando até tarde no laboratório e obtive um resultado realmente inesperado, que respondia a uma pergunta havia muito tempo sem resposta. Estava muito tarde e não havia ninguém a quem contar. Lembro de ter ido para casa pensando que deveria ser supercuidadoso no trânsito, porque só eu sabia aquilo e precisava proteger esse conhecimento. Havia nisso uma espécie de emoção, e o mundo inteiro pareceu ser diferente naquela noite.

A única decisão racional que tomei foi que na pós-graduação eu trabalharia em algo menos amplo que comportamento. E, como o cérebro é a origem do comportamento, decidi estudar como ele funciona. Talvez tenha sido uma decisão um tanto ingênua, mas a ingenuidade pode ser importante em certos momentos, por exemplo, no início da carreira de cientista. Hal Markowitz gostava de observar que todo comportamento é apenas distensão e expelição — os neurônios expelem neurotransmissores que fazem músculos se distenderem. Então pensei: "Vou estudar como os neurônios expelem neurotransmissores, e isso pode levar a uma compreensão mais profunda do comportamento, ou ao menos mais mecanicista". É admissível que isso soe radicalmente reducionista, e talvez eu esteja exagerando um pouco. Porém há um terreno intermediário entre a mera observação do comportamento de animais humanos ou não humanos e a tentativa de conceber o que acontece dentro deles para que ajam de determinadas maneiras. Foi por isso que pensei — não, eu *soube* — que esse era meu caminho. Voltei-me para o sistema olfatório, o sentido do cheiro, como um possível lugar no qual esse terreno intermediário pudesse ser acessível ao estudo. O olfato governa, ou pelo menos modula, uma ampla gama de comportamentos em muitos animais, inclusive os associados a sentimentos, agressão, sexo — muitas das coisas que realmente importam. Pensei que talvez a pesquisa e a especialização na fisiologia do olfato e da percepção do cheiro poderiam me levar, mais tarde, de volta aos estudos do comportamento com uma nova e mais profunda apreciação de suas causas subjacentes. Quanto a isso eu estava um tanto errado, mas quanto ao estudo do olfato ser uma fronteira eu estava prescientemente correto. Lição cinco (quatro?): previsões são inúteis, exceto quando são úteis.

Juntei-me ao laboratório do professor Frank Werblin, meu segundo lance de sorte no quesito mentor. O laboratório de Frank trabalhava com a retina — o pequeno pedaço de tecido cerebral que reveste o fundo do globo ocular. Em deferência a Frank, concordei em trabalhar nesse campo, ao menos para aprender algumas técnicas que poderiam ser aplicadas depois na pesquisa do olfato. Confesso que foi um desastre. Não cheguei a lugar nenhum. Como já mencionei, a retina é um complicado mas bem estudado pedacinho de cérebro. Excelente sistema-modelo — já foi comparada a um pequeno cérebro devido a sua complexidade e função —, contém cinco tipos diferentes de células cerebrais, conectadas umas às outras numa sofisticada rede de circuitos. A retina não apenas recebe raios luminosos, mas opera com eles de modo a produzir um input coerente para o cérebro. Porém, apesar de tudo isso, ela não me seduziu. Parecia que todas as grandes perguntas sobre seu funcionamento tinham sido respondidas e só restavam detalhes. São detalhes importantes, com certeza, e realmente a retina continua a ser uma área de pesquisa intensa da neurociência. Mas para mim não era o quarto escuro dentro do qual eu queria me aventurar.

Frank Werblin era um mentor generoso e um verdadeiro cientista. Trabalhando à noite e em fins de semana, obtive alguns dados dos neurônios do olfato, e, quando mostrei o resultado a Frank, ele insistiu — depois de se recuperar do fato de que meus dados tinham vindo do nariz e não do olho — que era no olfato que eu deveria trabalhar. Não foi uma decisão fácil para ele. Sua subvenção foi dada para a pesquisa da retina, sua equipe estava toda nesse campo. Mas ele acreditava em dados e em ser guiado pelas perguntas que importam. Creio que também gostava de sair um pouco fora da curva, e o olfato certamente era um desvio.

Assim, comecei a trabalhar no sistema olfatório no laboratório dele. Foi um verdadeiro golpe de sorte, porque a pesquisa da retina e do sistema visual estava muito mais avançada do que a do olfato. Meu "aprendizado" aconteceu entre estudantes e pós-docs do campo mais sofisticado da visão. Alcancei padrões mais elevados do que se tivesse começado diretamente com o olfato. Isso se mostrou muito importante, mais uma lição: você tem de descobrir qual é o padrão mais elevado e avaliar seu trabalho tomando como régua esse patamar. Até hoje tenho uma dívida de gratidão não só com Frank mas também com os estudantes de pós-graduação e os pós-graduados nesse laboratório, que me desafiaram implacavelmente e me ajudaram de maneira generosa, obrigando-me a trabalhar mais duro e depois a tornar esse trabalho mais produtivo. Independentemente do que possa dizer a mitologia, a ciência raramente é feita em isolamento.

Consegui completar meu trabalho de ph.D. assim que fiz quarenta anos, um marco em minha vida, como se pode imaginar. O dr. Gordon Shepherd, da faculdade de medicina da Universidade Yale, me ofereceu a possibilidade de um pós-doutorado. Gordon Shepherd é uma das pessoas verdadeiramente decentes que existem na ciência. Nunca o vi pôr seus próprios interesses acima dos interesses dos estudantes. Ele é gentil, honrado e decente, de um modo quase inacreditável. Mas também o vi brigar furiosamente por uma questão científica ou um trabalho tratado de maneira incorreta por um editor ou revisor.

Fui atraído para o laboratório de Gordon porque ele considerava o olfato parte da linha principal da neurociência. Nem todos compartilham dessa ideia. Naquela época o olfato era uma espécie de beco da neurociência. Como sistema sensorial, era tido como idiossincrático, de certa forma único no modo como funcionava, e portanto de difícil progresso. Era o oposto de um sistema-modelo. Entretanto, Gordon o via de maneira diferente. Treinado em fisiologia sináptica e neurofisiologia básica nos Institutos Nacionais de Saúde, ele negava que o sistema olfatório fosse especial. Acreditava que o olfato devia obedecer, e obedecia, às regras da neurociência, as conhecidas e as desconhecidas, assim como qualquer outro sistema cerebral. Isso era crucial, pois significava que os avanços na visão, na audição e no tato, em outras funções cerebrais, se aplicados atentamente poderiam ser relevantes para a compreensão do olfato. Tão importante quanto, significava que as coisas que aprendemos sobre o olfato poderiam ser também relevantes para compreender outras partes do cérebro, e isso nos dava a sensação de pertencer a esse mundo e de contribuir com ele. O olfato no laboratório de Gordon não constituía uma ilha isolada da neurociência.

Não era uma aposta segura naquela época — o sentido do olfato era realmente enigmático, e de várias maneiras ainda é. Como se poderiam discriminar os milhares de substâncias químicas que compõem os odores? Por que um composto químico cheira a cominho e outro, de composição quase idêntica, cheira a hortelã? Como é que o acréscimo de um único átomo de carbono a uma molécula muda seu cheiro de queijo parmesão para o de suor rançoso? Como é que cheiros evocam memórias vívidas de décadas atrás? Muitas dessas perguntas continuam atuais ou se metamorfosearam em novas versões, mais sofisticadas. Não é minha intenção aqui sondar a ignorância que envolve esse sentido, o que, como toda área de pesquisa, mereceria seu próprio capítulo. Menciono essas questões para mostrar que esse campo, na época, estava amplamente aberto, cheio de ignorância, como terra não cultivada. Tive a sorte de ter entrado nesse campo. Fui esperto em permanecer nele.

Tive tanta sorte com meus mentores que sempre fico surpreso e intrigado quando ouço histórias de horror de outras pessoas. E elas formam uma legião: estudantes de pós-graduação que foram explorados, maltratados, obrigados a trabalhar em questões que julgavam desinteressantes ou desimportantes, sem ganhar o crédito por trabalho ou descobertas que fizeram, garfados, irritados, embromados. Como isso poderia ter sido tão horrivelmente errado para os outros quando parecia tão felizmente correto para mim? Fui simplesmente abençoado pela sorte? Mas três vezes, uma atrás da outra? O fato de ser mais velho e talvez mais maduro alterava minhas expectativas? Não sei as respostas, e fico desapontado ao admitir que elas não parecem constituir uma fórmula que possa ser seguida por estudantes de pós-graduação. Espero ter aprendido a receita, de modo a ter certeza de que serei, para meus estudantes, o mentor que Hal, Frank e Gordon foram para mim. Mas aí está: por mais ignorância que possa haver quanto ao cérebro, existe também ignorância quanto a como estudá-lo e até mesmo quanto a como se preparar para estudá-lo.

Espero que essas histórias lhe tenham suscitado uma percepção dos aspectos básicos da ignorância, a batalha cotidiana que continua a ser travada nos laboratórios de ciência e nas mentes científicas, com perguntas que vão desde o fundamental até o metodológico, e que dão início a carreiras científicas e as sustentam.

145

São meramente exemplos de como o empreendimento científico é conduzido por milhares de cientistas em muitas centenas de laboratórios e instituições de todo o planeta, empreitada que tem sido continuamente perseguida durante quase quinze gerações. Nem todas as culturas assumiram a visão de mundo da ciência, e o ímpeto de considerar o mundo um mistério que pode ser desvendado não é uma atitude muito comum. A maioria das culturas foram dominadas por explicações não científicas, inclusive a nossa, até poucas centenas de anos atrás. Muitas ainda são.

Costumamos usar a palavra *ignorância* para denotar um conjunto de crenças primitivas ou tolas. Na verdade, eu diria que a "explicação" é frequentemente primitiva ou tola, e que o reconhecimento da ignorância é o início do discurso científico. Quando admitimos que alguma coisa é desconhecida e inexplicável, estamos admitindo também que ela merece ser investigada. David Helfand, o astrônomo, rastreia como nossa concepção do vento evoluiu do primitivo ao científico: primeiro "o vento está zangado", seguido de "o deus do vento está zangado", e finalmente "o vento é uma forma mensurável de energia". As duas primeiras afirmações fornecem uma explicação completa, mas são claramente ignorantes; a terceira demonstra nossa ignorância (ainda não somos capazes de prever ou alterar o clima), mas certamente é menos ignorante. A explicação, e não a ignorância, é a marca registrada da estreiteza intelectual.

É aprendendo a aceitar a ignorância que um estudante se torna um cientista. O quanto essa transição é infausta não chega ao conhecimento do grande público, que fica então com a visão da ciência que consta nos compêndios. Enquanto os cientistas usam a ignorância, consciente ou inconscientemente, em sua atividade diária, pensar na ciência sob o ponto de vista da ignorância pode ter impacto além do laboratório. Num breve capítulo final, permitam-me sugerir como a ignorância também pode ser útil em duas áreas que suscitam atualmente preocupação e debate: letramento científico e educação. Minha intenção é apenas fazer algumas observações sobre cada um desses temas, na esperança de que o leitor se inspire e use a perspectiva da ignorância para ampliar seu pensamento sobre essas questões de tanto interesse público.

Coda

Se você não é capaz — no longo prazo — de contar a todos o que tem feito, o que você faz não tem valor algum.

Erwin Schrödinger, em "Ciência e humanismo, a física em nossa época", palestra proferida em Dublin, 1950

A PERCEPÇÃO PÚBLICA DA CIÊNCIA

A ciência, mais do que nunca, usa dinheiro público e precisa dele. Os cientistas, portanto, têm a responsabilidade e a necessidade de educar o público, de engajá-lo no empreendimento científico. Considera-se que o início da ciência ocidental se deu com a publicação da obra *Diálogo a respeito dos dois principais sistemas no mundo*, de Galileu Galilei, no final da Renascença. Galileu, como é notório, se envolveu em problemas sérios com os poderes da Igreja no que concerne a sua obra, devido, assim nos ensinam, a suas proposições heréticas sobre o universo, ou o que então ainda era chamado de céu. Na verdade, não foi tanto o que Galileu disse sobre a relação entre o Sol e a Terra em sua famosa obra; acredita-se que os padres da Igreja, sendo eles mesmos intelectuais, na maior parte concordavam com Galileu, mas ainda não tinham imaginado como falar sobre isso ao público que acreditava na Bíblia literalmente. A verdadeira objeção era que Galileu, seguindo a tendência do Renascimento, tivesse publicado em italiano essa obra seminal. Foi o primeiro livro sobre ciência a ser editado numa língua vernácula e não em latim ou grego, cujo conhecimento era restrito a uma pequena classe de intelectuais. Não eram as ideias, por mais heréticas que fossem, mas sua potencialmente extensa disseminação que preocupava os padres da Igreja.

E os eclesiásticos tinham razão, porque essa obra de Galileu, que é um ponto de referência, deu início a uma tradição de publicações científicas em línguas comuns — Descartes em francês, Hooke em inglês, Leibniz em alemão etc. Essa experiência direta do público com os métodos empíricos da ciência é amplamente considerada a responsável pela transformação cultural operada pelo salto do pensamento mágico e místico que marcava a cultura medieval ocidental à racionalidade do discurso moderno. De fato, o acesso do público à ciência pode ter sido a mais importante contribuição da Renascença ao progresso científico — ainda mais, dirão alguns, do que todas as notáveis descobertas do período que começa com a obra de Galileu, em 1652. Na época de Maxwell, Faraday e Hooke, por exemplo, o apetite do público pela ciência era voraz. Demonstrações científicas eram feitas como entretenimento em salas de espetáculo, e livros de ciência eram vendidos tão rapidamente quanto romances.

Hoje em dia, no entanto, encontramo-nos numa situação na qual a ciência é inacessível ao público, como se escrita em latim clássico. Os cidadãos, como conjunto, são alijados da atividade científica primária — e no melhor dos casos recebem traduções em segunda mão da mídia. Novas e notáveis descobertas são alardeadas na imprensa, mas como aconteceram, o que significam além de ser a cura de uma doença ou uma nova tecnologia recreativa, isso raramente é parte da história. A consequência é que o público, com razão, vê a ciência como um imenso livro de fatos, uma incomensurável montanha de informação registrada numa linguagem virtualmente secreta.

Para o conjunto dos cidadãos, não é coisa pouca ser capaz de participar da ciência e compreender como suas vidas estão sendo mudadas por ela. Por algum motivo, parece mais fácil ter acesso ao lado artístico da cultura, enquanto o lado científico é assustador. Mas a ciência e o pensamento empírico são parte indelével da cultura ocidental, tanto quanto a arte e as humanidades. Talvez até mais. Seja onde for que a ciência tenha começado exatamente, se com os gregos ou com os árabes, os fenícios ou os primeiros asiáticos, ela floresceu no Ocidente como em nenhum outro lugar. Ao longo das quinze gerações depois de Galileu, a ciência moldou nosso pensamento e alterou nossa visão de mundo, desde a organização do sistema solar até a comunicação por meio dessa coisa nebulosa mas ubíqua que tão apropriadamente chamamos "the Web", a rede. Essa categoria de ciência se espalhou para outras culturas e se tornou uma aventura global muito antes de a palavra *globalização* ter se popularizado. Para o bem ou para o mal, nosso mundo foi transformado em tempo recorde e num grau inimaginável desde o início disso tudo, cerca de quatrocentos anos atrás. E agora você vive nesse mundo. Seus filhos estão crescendo nesse mundo. Você depende dele e confia nele. Você deveria saber tudo sobre esse mundo.

Outro motivo não menos convincente para estar por dentro da ciência é que carradas de dinheiro do cidadão, em impostos e gastos corporativos, destinam-se a sustentá-la. O suporte do governo dos Estados Unidos à pesquisa científica e à educação é de aproximadamente 3% do produto interno bruto — para ser mais direto quanto a isso, representa cerca de 420 bilhões de dólares por ano. Orçamentos de pesquisa de corporações somam mais dois terços do dispêndio do governo, o que representa 700 bilhões de dólares adicionais. A pesquisa de corporações reflete-se no preço que pagamos por energia, medicamentos, por todas as coisas e por qualquer coisa. Esses números, admite-se, incluem pesquisa militar (conquanto somente a parte não secreta), mas é tudo ciência, não importa sua intenção e seu propósito, e tudo está sendo cobrado do contribuinte.

Além disso, há todas essas espinhosas questões éticas que ficam borbulhando na ciência — pesquisa de células-tronco, consenso sobre o fim da vida, despesas com assistência médica, poder nuclear, mudança climática, biotecnologia agrícola, testes genéricos — e essa lista continuará a crescer no futuro.

Precisamos de um curso intensivo de *ciência cidadã* — uma forma de humanizar a ciência para que ela possa ser apreciada e avaliada por um contingente de cidadãos bem informados. Juntar fatos é inútil se não houver um contexto para interpretá-los, e isso vale até mesmo para a maioria dos cientistas quando se deparam com informações fora de seu campo específico de especialização. Sou um neurobiólogo, mas não sei muito mais de física quântica do que sabe um músico mediano, e não seria capaz de ler um trabalho de física numa revista científica mais do que sou capaz de ler a partitura de uma sinfonia de Brahms. Também sou um outsider. Sofro o mesmo que você.

Acredito que isso possa ser mudado com a introdução, no discurso público, de explicações sobre ciência que enfatizem o desconhecido. Quebra-cabeças nos mobilizam, perguntas são mais acessíveis do que respostas, e, talvez o mais importante, enfatizar a ignorância faz com que todos nos sintamos mais iguais, assim como a infinitude do espaço reduz todos nós a nosso verdadeiro tamanho. Os jornalistas podem ajudar nessa causa, mas os próprios cientistas devem assumir a liderança. Precisam aprender a falar em público sobre o que não sabem, sem achar que isso é admitir burrice. Na ciência, burro e ignorante não são a mesma coisa. Todos sabemos disso; é assim que falamos uns com os outros e com nossos estudantes de pós-graduação. Seremos capazes de admitir o público nesse segredo?

EDUCAÇÃO

Mas assim que concluí todos os estudos, quando então em geral se é recebido nas fileiras dos instruídos, mudei totalmente de opinião. Pois me vi constrangido por tantas dúvidas e erros que a mim pareceu que o esforço de me instruir não tivera outro efeito senão o de incrementar a descoberta de minha própria ignorância.

René Descartes, *Discurso sobre o método para bem conduzir a razão na busca da verdade na ciência*, 1637

Talvez a mais importante aplicação da ignorância esteja na esfera da educação, particularmente dos cientistas. De fato, divisei pela primeira vez o valor essencial da ignorância ensinando num curso que não percebia isso. Os olhos vidrados de estudantes anotando e destacando linha após linha de um texto de cerca de 1500 páginas, o desespero ao memorizar fatos para um exame, a mão erguida no meio de uma aula apenas para perguntar "Isso vai cair na prova?" são os sintomas de uma estratégia educacional fracassada.

Temos de perguntar a nós mesmos como deveríamos educar cientistas na era do Google, e daquilo, seja o que for, que vai superá-lo. Quando todos os fatos estão disponíveis a um mero clique, e quem sabe, num futuro não muito distante, simplesmente ao fazer uma pergunta à parede, ou à televisão, ou à nuvem — onde quer que esteja oculto o computador —, ensinar esses fatos não será de grande utilidade. O modelo de negócio de nossas universidades, em vigor há cerca de mil anos, terá de ser revisto.

Num presciente e notável documento de 1949, em "As universidades alemãs", leem-se as seguintes linhas num relatório da Comissão para a Reforma Universitária da Alemanha:

Todo palestrante numa universidade técnica deveria ter as seguintes capacidades:

(a) Enxergar além dos limites de sua disciplina. Em seus ensinamentos, fazer com que os estudantes tenham consciência desses limites, e mostrar-lhes que além desses limites entram em ação forças que não são mais totalmente racionais, mas que surgem da vida e da própria sociedade humana.

(b) Mostrar em cada assunto o caminho que leva além de seus estreitos confinamentos a horizontes por si mesmos mais amplos.

Que prescrição extraordinária, vinda, improvavelmente, de nada menos que uma comissão conjunta governamental-acadêmica! É um toque de clarim de meio século atrás para que repensemos a educação dos cientistas. Ainda por ser implementada, faríamos bem em agora prestar a ela a devida atenção.

Em vez de um sistema no qual a coleta de fatos é uma finalidade, no qual o conhecimento é equiparado a acumulação, no qual raramente se discute a ignorância, teríamos de prover o estudante criado na Wiki de um gosto apurado pelos limites, para as margens do cada vez mais amplo círculo da ignorância, e para como os dados, que não deixam de ser importantes, emolduram o desconhecido. Temos de ensinar estudantes a pensar em perguntas, a lidar com a ignorância. W. B. Yeats advertia que "educação não é o encher de um balde, mas o acender de um fogo". Realmente, é tempo de pegar os fósforos.

Somos todos cientistas: tentando compreender nosso entorno, dar sentido a um input que nem sempre é completo ou perceptível, procurando gatos pretos em quartos escuros. Nossas mentes fazem o melhor que podem para decifrar um mundo complexo a partir de informações reunidas por nossos limitados órgãos sensoriais. O processo é familiar a todos nós. Por vezes fazemos "experimentos", testando isto ou aquilo para ver até que ponto se encaixam em nossa teoria sobre o mundo. Mas encaremos o fato: em geral tropeçamos no escuro. O ocasional vislumbre de uma realidade autêntica só vem confirmar a extensão da escuridão na qual vivemos, o âmbito da nossa ignorância. E por que lutar contra isso? Por que não desfrutar o mistério que existe em tudo aquilo que desconhecemos? Afinal, não há nada como um bom quebra-cabeça, e nesta vida, como se sabe, quebra-cabeça é o que não falta.

Notas

Evitei incluir notas e citações para que a experiência da leitura fosse mais fluente. Há alguns momentos no texto em que eu poderia me estender mais — estes sempre existem, de qualquer modo —, mas resisti o máximo possível. Incluí aqui algumas notas extras e, onde não estava patente no texto, a fonte de algum material. Acrescentei também uma lista comentada de leituras que abrange livros e artigos que uso em minhas aulas, e outros que consultei para este livro. Os artigos estão todos disponíveis para download no site Ignorance (<http://ignorance.biology.columbia.edu>) em arquivos PDF; os livros estão quase todos publicados e são facilmente encontrados em sites de livros usados. Minhas observações sobre eles devem ser consideradas opiniões pessoais relevantes para aquele livro ou tópico em especial, e não análises completas.

PÁGINA 12

A descrição de Andrew Wiles da busca em quartos escuros é de uma entrevista em *Nova* sobre a publicação de uma solução para o último teorema de Fermat, em 2000.

PÁGINA 16

Pascal disse uma vez, como desculpa, ao final de um longo bilhete escrito para um amigo: "Eu teria sido mais breve se tivesse mais tempo". A frase já foi creditada a Voltaire, Abraham Lincoln, Mark Twain, T.S. Eliot e outros. Mas a fonte mais antiga e mais confiável que pude encontrar é Blaise Pascal, *Lettres provinciales*, 1656-7, n. 16, escrita em 4 de dezembro de 1656: "*Je n'ai fait cette lettre-ci plus longue que parce que je n'ai peu eu le loisir de la faire plus courte*".

Isso surgiu de um tópico de discussão no site do programa *A Way with Words* da NPR, Rádio Pública Nacional.

PÁGINA 20

Novos dados numa continuação desse estudo em Berkeley sobre informação mostram um aumento de 1 milhão de vezes em capacidade e transmissão. O site do grupo de estudo é: <http://www2. sims.berkeley.edu/research/projects/how-much-info/>.

Podem-se encontrar aí resumos do relatório e o relatório completo em PDF.

Um artigo em *Science Online* em 2010 também revê esses dados. A citação é a seguinte: Martin Hilbert e Priscila López, "The World's Technological Capacity to Store, Communicate, and Compute Information". *Science*, 332 (6025), 60-5. Doi: 10.1126/cience. 1200970.

Um PDF desse relatório pode ser encontrado no site Ignorance. Outros endereços relevantes:

<http://hmi.ucsd.edu/howmuchinfo_research_report_consum.php>
<http://hmi.ucsd.edu/howmuchinfo.php>

PÁGINA 22

Existe considerável controvérsia quanto à taxa de crescimento da literatura científica e como medir o número atual de publicações científicas. Embora possa parecer um problema contábil, há muita coisa em jogo, inclusive coisas como obter subvenções e pareceres sobre promoções e propriedade. Será que todo os artigos devem ser computados de maneira igualitária quando é evidente que alguns são mais importantes que outros, ou mais extensos, ou existem há mais tempo? Devem-se contar apenas artigos, ou também importam apresentações em conferências ou publicações on-line? Um artigo tem de estar disponível em inglês para ser computado? Quão frequentemente um artigo é citado por outros cientistas? Você talvez considere isso tudo complicado, mas em linhas gerais está razoavelmente claro. Se quiser mergulhar mais fundo, recomendo um maravilhoso livrinho chamado *Big Science, Little Science*, de Derek J. de Solla Price (Columbia University Press, 1961). Creio que esteja fora de catálogo, e não consegui localizar on-line mais do que alguns excertos. Uma pesquisa mais insistente, porém, talvez descubra um exemplar usado ou um acesso pela biblioteca de Yale, uma vez que Solla Price foi professor naquela universidade. Ele foi um dos primeiros a aplicar métodos quantitativos sérios no estudo da literatura científica. Esse título, não obstante, como muitos de seus artigos, é legível e acessível. Solla Price morreu em 1983, infelizmente ainda jovem, com 61 anos, provavelmente no ápice de suas forças.

O artigo é uma atualização recente da obra de Solla Price e está disponível na web e no site Ignorance: Peder Olesen Larsen e Markus von Ins, "The Rate of Growth in Scientific Publication and the Decline in Coverage Provided by Science Citation Index". *Scientometrics*, 84 (3), 575-603 (2010).

PÁGINA 24

Erwin Schrödinger, um dos grandes filósofos-cientistas, dizia: "Numa busca honesta de conhecimento, com muita frequência é preciso se conformar com a ignorância por um período indefinido". Erwin Schrödinger, *Nature and the Greeks and Science and Humanism*, Cambridge, Cambridge University Press, 1951. Reimpressa em Canto Original Series com um prefácio de Roger Penrose, em 1996. São versões escritas de duas conferências, "As Conferências Shearman", proferidas por Schrödinger no University College, Londres, em maio de 1948. Apresentam ideias excitantes e uma fascinante perspectiva histórica de um homem que esteve tão perto do horizonte como qualquer um de nós.

PÁGINA 27

Mary Poovey escreveu um livro digno de atenção intitulado *A History of Modern Fact*, no qual ela traça o desenvolvimento do fato até sua atual, talvez superexaltada, posição. Um relato muito acessível de algo em que, não fosse por isso, você não pensaria muito — afinal, um fato é um fato, não? Não. Mary Poovey, *A History of the Modern Fact: Problem of Knowledge of the Sciences of Wealth and Society*. Chicago University Press, 1998.

PÁGINA 37

J. B. S. Haldane, conhecido por seus argutos e precisos insights, adverte que "o universo não só é mais estranho do que supomos, ele é mais estranho do que *somos capazes* de supor". A citação completa de Haldane é: "Não tenho dúvida de que na realidade o futuro será muito mais surpreendente do que qualquer coisa que eu possa imaginar. Agora minha suspeita é de que o universo não só é mais estranho do que supomos, e sim é mais estranho do *somos capazes* de supor". J. B. S. Haldane, *Possible Worlds and Other Essays*, Londres: Chatto and Windus, 1927, p. 286. Esta citação, ou outra muito semelhante, é quase sempre creditada ao astrônomo Sir Arthur Eddington, mas trata-se possivelmente de atribuição errônea, porque não há citação ou registro de que Eddington tenha dito isso.

PÁGINA 37

Num estilo semelhante, Nicholas Rescher, filósofo e historiador da ciência, cunhou o termo "cognitivismo copernicano". Rescher é um dos principais filósofos da ciência em estudos contemporâneos, com um registro de notável produtividade ao longo de seis décadas, inclusive tendo escrito cerca de cem livros (na verdade, não os contei). Sempre me surpreendo ao descobrir que seus livros tendem a ser amplamente conhecidos entre acadêmicos, mas circunscritos ao campo da filosofia. É pena, porque são simples de ler. Eu me baseei em muitos de seus escritos para estimular meu pensamento e, felizmente (para mim), descobri que concordávamos em muitas coisas. Eis aqui apenas alguns poucos de seus livros que considerei especialmente gratificantes:

Finitude: A Study of Cognitive Limits and Limitations. Heusenstamm: Ontos, 2010.

The Limits of Science. Pittsburgh: University of Pittsburgh Press, 1999 (1984).

Pluralism: Against the Demand for Consensus. Oxford: Oxford University Press, 1993.

Unknowability. Nova York: Lexington Books, 2009.

PÁGINA 37

No romance de fantasia de Edwin Abbott, no século XIX uma civilização chamada Flatland [Planolândia] é habitada por seres geométricos de duas dimensões: quadrados, círculos, triângulos etc. O livro está disponível em um zilhão de editoras — ao que parece nunca esteve fora de catálogo desde sua publicação, em 1884. Pessoalmente, gosto da versão com muitas anotações interessantes de Ian Stewart, que também escreveu uma versão "atualizada" de *Flatland* intitulada *Flatterland,* pena que não tão encantadora quanto a original. Existem também muitos desenhos animados baseados no livro, mas achei todos eles tolos e chatos, em comparação com o livro. Nenhum está em 3D — mas por que estariam?

Ian Stewart, *The Annotated Flatland: A Romance of Many Dimensions.* Nova York: Basic Books, 2008.

PÁGINA 43

Conforme conta Rebecca Goldstein em seu excelente e detalhado livro sobre Gödel, sua timidez e sua relutância...

Rebecca Goldstein, *Incompleteness: The Proof and Paradox of Kurt Gödel.* Nova York: W.W. Norton & Company, 2005. [Ed. bras.: *Incompletude: A prova e o paradoxo de Kurt Gödel.* Trad. de Ivo Korytowski. São Paulo: Companhia das Letras, 2008.]

PÁGINA 55

Seymour L. Chapin, "A Legendary Bon Mot? Franklin's 'What is the Good of a Newborn Baby?'". *Proceedings of the American Philosophical Society,* 129 (3), 278-90, setembro de 1985, p. 278.

É notável que, num país que tem sido líder mundial em pesquisa científica e que obteve tanto crescimento econômico e bem-estar geral a partir dos frutos dessa pesquisa, tenhamos de ser lembrados de como é importante adotar uma visão de longo prazo. Ficamos citando os Pais Fundadores em tantas coisas de valor duvidoso que não se deveria perder a declaração de Franklin como aquela que realmente tem os olhos no horizonte.

PÁGINA 76

Ouvi a história sobre Alan Hodgkin de um colega, Vincent Torre, que estava num curso de pós-doutorado com ele. Foi depois confirmada numa conversa, num pub, com Jonathan Hodgkin, filho de Alan e excelente geneticista molecular em Cambridge. Infelizmente ingressei na ciência um pouquinho tarde para de fato conhecer Alan Hodgkin, que esteve doente muitos anos, os últimos de sua vida. Tenho orgulho em dizer que fiz uma peregrinação a seu laboratório, no porão do Departamento de Fisiologia na Universidade de Cambridge. O que é mais notável, quanto ao laboratório, é quão não notável ele é. A grande ciência nem sempre requer acomodações elegantes.

PÁGINA 113

O cérebro — aquela coisa com a qual você pensa que pensa — é uma ligeira alteração da definição do cérebro cunhada por Ambrose Bierce, em sua sarcástica obra na virada do século, *The Devil's Dictionary* [*Dicionário do Diabo*] (1906, 1911).

PÁGINA 152

A dra. Marlys H. Witte, afetuosamente conhecida como a Ignoramamama, tem usado a ignorância como ferramenta integral para ensinar estudantes de medicina. Seus esforços, iniciados em 1984, floresceram num inovador programa de extensão científica em nível do ensino médio, que também se tornou parte do currículo de medicina no Centro de Ciências da Saúde da Universidade do Arizona. Sugiro dar uma espiada em seu site, informativo e envolvente: <http://www.ignorance.medicine.arizona.edu/index.html>. Ele o levará a uma publicação intitulada *Q-cubed*, toda baseada na ignorância como ferramenta primordial para a educação científica (e outras).

Sugestões de leitura

BARROW, John. *Impossibility: The Limits of Science and the Science of Limits*. Oxford, Inglaterra: Oxford University Press, 1998. Barrow é matemático e físico teórico de profissão; escreveu vários livros muito acessíveis e populares sobre esses assuntos. Ele não simplifica demais, o que é estimulante. Este livro contempla sobretudo os limites da cosmologia e do que podemos saber sobre o universo. É uma gratificante introdução às limitações de nosso conhecimento, que é um tipo de conhecimento em si mesmo.

CASTI, John L.; KARLQVIST, Anders (Orgs.). *Boundaries and Barriers: On the Limits to Scientific Knowledge*. Nova York: Perseus Books, 1996. Uma coleção de ensaios relativamente curtos mas contundentes, baseados em palestras proferidas na metrópole de Abisco, no Círculo Ártico, Suécia, em 1995. Embora Casti e muitos dos outros colaboradores continuem a escrever, falar e pensar sobre essas questões, não tenho ciência de conferências ou reuniões de seguimento. Parece assunto vencido.

Deixem-me aproveitar este momento para recomendar outras duas obras menos conhecidas de Casti, ambas um tipo de ficção. *The One True Platonic Heaven* (John Henry Press, 2003) é citada como "uma ficção científica sobre os limites do conhecimento" e tem todo um elenco de personagens históricos fazendo declarações ficcionais — mas que poderiam ter sido verdadeiras — quanto ao que realmente se pode saber. O outro livro, *The Cambridge Quintet* (Perseus Books, 1998), saiu antes, mas eu o li depois. Este tem o subtítulo *A Work of Scientific Speculation* e imagina um jantar oferecido por C. P. Snow, com a presença de Alan Turing, J. B. S. Haldane, Erwin Schrödinger e Ludwig Wittgenstein. Um senhor jantar. Você não gostaria de estar lá? Obtenha o livro.

CHAITIN, Gregory. *Conversations with a Mathematician: Math, Art, Science and the Limites of Reason.* Nova York: Springer, 2002. Chaitin, matemático e cientista da computação, é um dos principais especialistas em Gödel e em Turing, e propôs algumas teorias próprias, complexas e provocativas, sobre informação e verdade. Os ensaios aqui reunidos estão entre os menos técnicos e os mais acessíveis.

DUNCAN, Patricia; WESTON-SMITH, M. (Orgs.). *The Encylopedia of Ignorance.* Nova York: Pergamon Press, 1977. Uma coleção de artigos curtos encomendados pelos editores a líderes de diversos campos da ciência na época. Nunca compreendi por que não foi atualizado ou transformado numa revista regular. É uma ideia maravilhosa, embora os artigos sejam um tanto desnivelados — poderiam ter sido em alguma medida editados. Ainda é encontrável em sebos, mas agora seu interesse é sobretudo histórico.

FARA, Patricia. *Science: A Four Thousand Year History.* Nova York: Oxford University Press, 2009. Quatro mil anos em pouco mais de quatrocentas páginas, uma senhora realização — e Fara não se limita à ciência ocidental (claro, ela só tem quatrocentos anos de idade). Cheio de notáveis insights e de perspectivas históricas provocativas. Não sou historiador da ciência, mas aposto que ela, a história da ciência, é controversa.

GILLESPIE, Charles Coulson. *The Edge of Objectivity: An Essay on the History of Scientific Ideas.* Princeton: Princeton University Press, 1960. Este "ensaio" tem cerca de 550 páginas, mas o autor, conhecido historiador da ciência, escreve com tal clareza e originalidade que é um prazer ler o livro só para lembrar como soa bem uma boa escrita. Gillespie mescla com sucesso as abordagens histórica e filosófica para a compreensão de como a ciência veio a funcionar da maneira que funciona. Seu conhecimento é enciclopédico.

GOLDSTEIN, Martin; GOLDSTEIN, Inge F. *How We Know: An Exploration of the Scientific Process.* Nova York: Da Capo Press (divisão da Perseus Books), 1981. Este casal, ligado à Universidade Columbia (um estudou lá, outro trabalhou lá), escreveu uma cartilha maravilhosamente acessível sobre como ser um cientista. Na minha opinião, todo estudante de graduação que pensa em ser cientista deveria ler o livro — corrijo: todo estudante de graduação, ponto. Escrito em 1981, tem notável relevância hoje em dia. Encontrei-o por acaso numa estante na seção de livros de ciência usados, no porão da famosa livraria Strand, de Nova York ("18 milhas de livros"), um desses felizes acasos que sugerem por que todos sentiremos falta das livrarias.

GRIBBIN, John. *The Scientists: A History of Science Told Through the Lives of Its Greatest Inventors*. Nova York: Random House, 2002. John Gribbin é um dos mais prolíficos cientistas/escritores sobre ciência. Pessoalmente acho este livro o melhor, mas talvez porque o considere o mais erudito e embasado em pesquisas. É uma abordagem muito direta ao progresso da ciência no Ocidente, começando em grande parte na Renascença, e traçada pelos cientistas que fizeram o trabalho — ou ao menos foram creditados por isso. É claro que essa é apenas uma das maneiras de delinear o progresso de ideias, mas a escrita de Gribbin é tão clara e a organização tão precisa que o livro se mostra muito perceptivo.

_____. *The Origins of the Future: Ten Questions for the New Ten Years*. New Haven, CT: Yale University Press, 2006. Gribbin é realmente um dos escritores sobre ciência mais legíveis do planeta. Este livro apresenta dez grandes perguntas, a maioria quanto ao cosmo. Duvido que sejam respondidas nos próximos dez anos. Porém, de novo, a escrita é cristalina e clara, e você aprende mais sobre o que é conhecido olhando para o que não é. Uma fórmula com a qual certamente concordo.

HARRISON, Edward. *Cosmology: The Science of the Universe*. 2. ed. Cambridge, Inglaterra: Cambridge University Press, 2005. Um livro grande e, infelizmente, caro, que é um compêndio técnico e ao mesmo tempo uma valiosa abordagem histórica de uma interseção crucial de física, matemática e astronomia — até alguma biologia aparece no fim. Um maravilhoso livro de referência, se é nisso que você está interessado, e cheio de fabulosas citações que Harrison deve ter levado anos colecionando. Inclui também, no fim de cada capítulo, uma lista de leituras sugeridas mais acessíveis ao público leigo. Seu capítulo sobre "Escuridão à noite", por exemplo, aborda a não tão óbvia solução para um antigo paradoxo de por que, num universo infinito, o céu não fica brilhante com as estrelas à noite. É um tratamento magistral do processo do pensamento científico, e extremamente divertido, mesmo estando cheio de equações.

HEMMEN, J. Leo van; SEJNOWSKI, Terrance J. (Orgs.). *23 Problems in Systems Neuroscience*. Nova York: Oxford University Press, 2006. Com um aceno de assentimento a Hilbert, os editores reúnem um grupo de neurocientistas modernos para escrever ensaios sobre questões críticas que continuam na área da neurociência de sistemas — que é o estudo do cérebro como um sistema, e não meramente uma coleção de partes. Alguns dos ensaios se sustentam por si mesmos, outros requerem certo volume de conhecimento científico adquirido. Na maior parte, interessam pela ênfase em perguntas.

HOLTON, Gerald. *Thematic Origins of Scientific Thought*. Cambridge, MA, Harvard University Press, 1988. Holton é merecidamente um respeitado historiador da ciência, e este livro descreve sua visão particular sobre o desenvolvimento do pensamento científico. A maior parte se refere às ciências físicas; obra erudita destinada aos estudantes que levam a questão a sério.

HORGON, John. *The End of Science*. Boston: Helix Books/Addison Wesley, 1996. Creio que nenhuma lista de livros sobre os possíveis limites na ciência estará completa sem este popular volume sobre o qual tanto já foi dito e escrito. Há entrevistas interessantes com cientistas modernos e filósofos da ciência, um surpreendente número dos quais faleceram desde a publicação, tornando o livro uma espécie de registro histórico. A tese é provocativa mas quase certamente errônea, como suspeito que o próprio autor sabe.

LIGHTMAN, Alan. *The Discoveries: Great Breakthroughs on 20th Century Science*. Nova York: Vintage Books (Random House), 2005 [ed. bras.: *As descobertas: Os grandes avanços da ciência no século XX*. Trad. de George Schlesinger. São Paulo: Companhia das Letras, 2015]. Lightman é um físico que se tornou escritor — tanto de ficção quanto de não ficção, agora talvez mais conhecido por seu encantador livro *Sonhos de Einstein*. Embora principalmente preocupado com os grandes experimentos físicos da época (há uns poucos capítulos sobre biologia e química), ele apresenta os famosos trabalhos de Planck, Einstein, Rutherford, Bohr, entre outros, e ajuda o leitor a fazer a leitura desses textos. Os trabalhos são reimpressos, com frequência em formato um tanto abreviado, e são precedidos por uma desconstrução de Lightman em termos leigos, pondo o artigo em perspectiva histórica e chamando a atenção do leitor para as questões-chave. Brilhante tentativa de facilitar o acesso ao que chamamos de *literatura primária* — isto é, os trabalhos originais escritos pelos cientistas —, território que em geral está fora do alcance do leitor leigo. Independentemente de seu interesse por uma determinada ciência (cosmologia, astrofísica, relatividade, DNA etc.), este livro vai facilitar sua leitura desses trabalhos, assim como de outros, ao mesmo tempo que lhe proporcionará um grande prazer ao fazê-lo.

_____. *A Sense of the Mysterious*. Nova York: Vintage Books (Random House), 2005. Lightman escreve lindamente, e neste livrinho que se concentra na vida emocional dos cientistas e em como esse aspecto, quase sempre esquecido, é importante no trabalho criativo da descoberta. O mistério é sua musa.

MADDOX, John. *What Remain to be Discovered*. Nova York: Touchstone/Simon and Shuster, 1998. O falecido John Maddox foi editor de *Nature* durante 23 anos memoráveis, de 1966 a 1973 e de 1980 a 1995. Ele supervisionou o tremendo crescimento do número de trabalhos publicados e a influência crescente da revista na maneira como se fazia ciência. Este livro aborda sua visão do futuro, pelas lentes daquilo que ainda não sabemos. É um pouco uma aposta, porque exige previsão, assim como questionamento, mas com certeza fornece muita informação e muita especulação da parte de alguém que esteve no centro das descobertas durante muitos anos.

POINCARÉ, Henri. *The Value of Science*. Edição e introdução de Stephen Jay Gould. Nova York: The Modern Library Science Series, 2001. Henri Poincaré foi um cientista, pensador e escritor prolífico, com um talento especial para explicar coisas difíceis a um não especialista — apresentava a filosofia a cientistas, e a ciência a filósofos, ou ambas as coisas a um público leigo. Foi considerado o Carl Sagan de sua época. Este volume reúne seus três livros principais: *Science and Hypothesis, The Value of Science* e *Science and Method*. O leitor compra o volume como um livro de referência e se vê perdido em páginas cheias de ideias.

STANFORD, P. Kyle. *Exceeding Our Grasp*. Nova York: Oxford University Press, 2006. Um dos mais assustadores livros sobre história e filosofia da ciência que já li. Stanford mergulha profundamente no problema das "alternativas não concebidas" — coisas nas quais deveríamos ter pensado, estavam bem diante de nossos narizes, mas de algum modo nos escaparam, às vezes durante séculos. Por que houve um intervalo de quase cem anos entre Darwin e a identificação dos genes como base da hereditariedade? Na verdade, Darwin dispunha de informação suficiente para ter postulado o gene, mas nunca considerou a possibilidade. O que assusta, claro, é a pergunta: o que estamos olhando e não enxergando hoje em dia?

Artigos adicionais consultados

ANDERSON, P. W. (1997). "Is Measurement Itself an Emergent Property?". *Complexity*, 3 (1), 14-6. doi:10.1002/(SICI)1099-0526(199709/10)3:1<14:: AID-CPLX5>3.0CO;2-E.

CASTI, J. L. (1997). "The Borderline". *Complexity*, 3 (1), 5-7.

CAVES, C.; SCHACK, R. (1997). "Quantifying Degrees of Unpredictability". *Complexity*, 3 (1), 46-57.

CHAITIN, G. (2006). "The Limits of Reason". *Scientific American*, 294, 74-81.

DASTON, L. (1992). "Objectivity and the Escape from Perspective". *Social Studies of Science*, 22 (4), 597-618. doi:10.1177;030631292022004002.

GELL MANN, M. (1997). "Fundamental Sources of Unpredictability". *Complexity*, 3 (1), 9-13. doi:10.1002/(SICI)1099-0526(199709/10)3:1<9:: AID-CPLX4>3.3.CO;2-1.

GLASS, D. J.; HALL, N. (2008). "A Brief History of Hypothesis". *Cell*, 134 (3), 378-81. doi:10.1016/j.cell.2008.07.033.

GOMORY, R. E. (1995). "The Known, the Unknown and the Unknowable". *Scientific American*, 272 (6), 120. doi:10.1038/scientificamerican0695-120.

HUT, P.; RUELLE, D.; TRAUB, J. (1998). "Varieties of Limits to Scientific Knowledge". *Complexity*, 3 (6), 33-8. doi:10.1002/(SICI)1099-0526-(199807/ 08)3:6<33::AID-CPLX5<3.3.CO;2-C.

KENNEDY, D.; NORMAN, C. (2005). "What don't we know?". *Science*, 309 (5731), 75. doi:10.1126/science.309.5731.75.

KRAUSS, L. (2004). "Questions that Plague Physics". *Scientific American*, 291, 82-5. doi: 10.1038/scientificamerican0804-82.

MADDOX, S. J. (1999). "The Unexpected Science to Come". *Scientific American*, 281 (6), 62-7. doi: 10.1038scientificamerican1299–62.

SCHWARTZ, M. A. (2008). "The Importance of Stupidity in Scientific Research". *Journal of Cell Science*, 121 (Pt. 11), 1771. doi: 10.1242(jes.033340).

SIEGFRIED, T. (2005). "In Praise of Hard Questions". *Science*, 309 (5731), 76-7. doi:10.1126/science.309.5731.76.

Índice remissivo

Abbott, Edwin, 37
Abbott, Larry, 119-26
aceleradores de partículas, 66, 71
Adrian, Lord, 31
agnotologia, 35
Alemanha, Comissão para a Reforma
Universitária da, 153
Allen, Steve: "O homem da pergunta"
(programa de TV), 23
Anderson, Carl, 53-4
Aristóteles, 42, 85, 118, 136; esferas
celestes e, 104-5; sentidos, 116
astrofísica, 100-1, 107-9, 111
atomismo, 38
audição, 59, 116, 144
autoconsciência, 90-1, 97; *ver também*
consciência
autorreconhecimento no espelho, 95-7

Bacon, Francis, 22
Big Bang, 108-9, 111

biologia, 13, 39, 59, 62, 70, 80, 99, 120,
137-8
bolhas, câmara de, 53
Boring, Edward G., 30-1
Breton, André, 117
Brock, Thomas, 62

Califórnia (Berkeley), Universidade
da, 139
calórico, aquecimento, 30
"câmara de nuvens"/"câmara de bolhas", 53
Cambridge, Universidade de, 115
capacidade negativa, 82
Carlin, George, 39
cérebro: atividade elétrica do, 31; células gliais, 32-3; contrações mus-
culares e, 114, 129; inteligência
artificial e, 68-9, 115-6; linguagem
do, 31; memória, 59, 122-7, 133-4,
144; neurociência, 12-3, 31-2, 54,

59, 70, 116, 118, 120, 126, 134, 139, 142, 144; neurônios, 32-3, 69-70, 72-3, 76, 119, 131-2, 141, 143; sinapses, 123-6; sistema visual, 113-5, 143; sistemas motores, 116-7, 127, 132; sistemas sensoriais, 59, 116-7, 133, 144

chimpanzés, 87, 90, 94-5

Chomsky, Noam, 98

Chudnovsky, Maria, 61

ciência: cidadã, 151; ciência moderna no Ocidente, 65-6; esfera pública da, 74; hipóteses e, 26, 29, 47, 57-8, 74-6, 127; percepção pública da, 148-51; *ver também* método científico

cientistas: descobertas científicas, 26, 30, 51, 58, 60, 65-6, 68, 77, 93, 121, 126, 145, 149-50; educação científica, 27; pesquisa movida por curiosidade, 62-3, 74, 76-7; subvenções para escrever, 56, 58

cognição animal, 86, 90

cognitivismo copernicano, 37

Columbia, Universidade, 12, 61, 81, 134

combinatória, matemática, 42

Comissão para a Reforma Universitária da Alemanha, 153

computadores, 42, 71, 86, 115-6, 118-9, 125, 153

Congresso Internacional de Matemáticos (Paris, 1900), 49-50

conhecimento: ignorância em seguida ao, 14; lado obscuro do, 29-34

consciência, 45, 67-8, 75, 85-6, 88, 90-1, 98, 114, 121, 133

cosmologia, 100-1, 109, 112

Crick, Francis, 79

curiosidade, pesquisa movida por, 62-3, 74, 76-7

Darwin, Charles, 29; *A expressão das emoções no homem e nos animais*, 57; *A origem das espécies*, 88; complexidade do olho, 114, 139; curiosidade e, 62; sistemas-modelo e, 70-1; teoria da evolução, 71

De arte combinatoria (Leibniz), 42

De Waal, Frans, 95

Deep Blue (supercomputador), 115

Descartes, René, 149, 152; cognição animal e, 86; glândula pineal e, 86

Diálogo a respeito dos dois principais sistemas no mundo (Galileu Galilei), 148

Dirac, Paul, 53-4

dopamina, 132

Edison, Thomas, 54, 55

educação: gastos do governo com, 151; ignorância e, 152-4

Einstein, Albert, 16, 33, 55, 65, 71, 78-9, 101-2; ciência moderna no Ocidente, 65-6; relatividade, 78-9, 99, 101-2, 107; visão do universo, 29; Weizmann e, 79

elefantes, 69, 90, 95; autorreconhecimento no espelho, 95-6

"entrelaçamento", 40-1

esquecimento, 126

Faraday, Michael, 55, 149

fatos, 21

Fermi, Enrico, 52, 58

física: clássica, 71, 102; quântica, 38, 40, 120, *ver também* mecânica quânti-

ca; quarto escuro e, 66, 104, 111, 124, 127; sistemas-modelo e, 71
flogisto, 30
fluido de aquecimento calórico, 30
formalismo, 41
Franklin, Benjamin, 55
Freeze, Hudson, 62
frenologia, 29
Fusi, Stefano, 124-7

Galileu Galilei, 148-50; *Diálogo a respeito dos dois principais sistemas no mundo*, 148
Gallup Jr., Gordon, 94
Gödel, Kurt, 39, 41, 43-5
golfinhos, 90-6
Google, 20, 152; busca da palavra "ignorância" no, 22; Google Earth, 72
Greene, Brian, 102-3, 112
Griffin, Donald, 87
Gross, David, 58
Guth, Alan, 110

Haldane, J. B. S., 37
Hanig, D. P., 30
Hans Esperto *ver* Kluge Hans (cavalo alemão)
Hartline, Keffer, 31
Harvard, Universidade, 30, 87
Heisenberg, Werner: física quântica e, 40; princípio da incerteza, 39
Helfand, David, 104-7, 112, 146
Herculano-Houzel, Suzana, 32-3
Hilbert, David, 41, 43, 49-52, 56, 81; "23 problemas" de, 51, 56, 81; Congresso de Matemáticos (1900), 49-50; formalismo, 41; ignorância solucionável, 51; positivismo, 41
Hipaso, 46

hipóteses, 26, 29, 47, 57-8, 74-6, 127; Newton e, 75
Hodgkin, Alan, 76
Hut, Piet, 45
Huxley, Thomas, 47

ignorância: "Ignorância" — um curso sobre ciência, 14; busca da palavra "ignorância" no Google, 22; conhecimento e, 14; educação e, 152-4; Manual da Ignorância, 60; Maxwell sobre, 16; Método da Ignorância, 60; Schrödinger e, 24-5; solucionável, 51, 63-4
imunológico, sistema, 63-4
incerteza: princípio da incerteza de Heisenberg, 39; Schrödinger e, 24-5
inflacionário, período, 110-1
Instituto Berkeley, 20
Institutos Nacionais de Saúde, 144
inteligência artificial, 68-9, 115-6

Keats, John, 24, 82
Kluge Hans (Hans Esperto, cavalo alemão), 88, 90, 98
Krakauer, John, 127-9

lasers, 53
Leibniz, Gottfried, 42-4, 149; cálculos e, 41-2; *De arte combinatoria*, 42
linguagem, 87-8, 90, 117; do cérebro, 31
Lorenz, Konrad, 137

Manual da Ignorância, 60
Markowitz, Hal, 136, 141
matemática, 39, 41-6, 51-3, 61, 80, 89, 102-3, 112, 120-1, 137; Congres-

so Internacional de Matemáticos (Paris, 1900), 49-50
Maxwell, James Clark, 16, 57, 149
mecânica quântica, 28, 41, 53, 79, 102, 107, 113; Dirac e, 53-4; "entrelaçamento", 40-1; Greene e, 102-4, 112; Planck e, 28
Medawar, Peter, 63
memória, 59, 122-7, 133-4, 144
mente, a, 85, 88, 91-7, 108, 124, 140
método científico: Francis Bacon e, 22; pesquisa experimental, 26; regra de ouro do, 12; *ver também* ciência; cientistas
Método da Ignorância, 60
Michelson, Albert, 29
Miller, Amber: astrofísica, 107; modelo inflacionário, 111; universo e, 111-2
Minsky, Marvin, 68
Morgan, John, 81

Nature (revista), 67
neurociência, 12-3, 31-2, 54, 59, 70, 116, 118, 120, 126, 134, 139, 142, 144; análise de picos, 32; sinapses, 123-6; Sociedade para a Neurociência, 126; *ver também* cérebro; sistema nervoso
neurônios, 32-3, 69-70, 72-3, 76, 119, 131-2, 141, 143
New York Times Science (jornal), 80
Newton, Isaac, 16, 21-2, 66, 102; "*hypotheses non fingo*" [não invento hipóteses], 75; *Principia Mathematica*, 21
Nobel, Alfred, 58
nuvens, câmara de, 53

olfato, 59, 72-3, 116, 142-4
Origem das espécies, A (Darwin), 88

paladar, 30, 59, 116
papagaios, 90; papagaio africano cinzento, 97-9
"paradoxo do cretino" (paradoxo do mentiroso), 44
Parkinson, mal de, 129-31; dopamina e, 132; sistema motor e, 129
Pasteur, Louis, 77, 140
Pepperberg, Irene, 84, 90-1, 97-8
percepção sensorial, 31
perguntas: "O homem da pergunta" (programa de tv), 23; ciência e, 24; respostas e, 20
pesquisa: básica e aplicada, 54; experimental, 26; movida pela curiosidade, 62-3, 74, 76-7
Pfungst, Oscar, 89
Philips, Emo, 113, 121
pitagóricos, filósofos, 45-6
Planck, Max, 28
Poincaré, conjectura de, 81
Poovey, Mary: *A History of the Modern Fact*, 27
positivismo, 41
pósitrons, 53-4; tomografia por emissão de pósitrons (pet), 54
Prêmio Nobel, 29, 58, 63, 76, 79-80
Prêmio Velocino de Ouro, 71-3
Princeton, Universidade, 12, 45
Principia Mathematica (Newton), 21
princípio da incerteza, 39
Proctor, Robert, 35
Proxmire, William: prêmio Velocino de Ouro, 71-2

química, 34, 54, 68, 71, 99, 101, 132, 137-8

radiação cósmica de fundo (cmb), 109, 111

reação em cadeia de polimerase (pcr), 63

Reiss, Dana, 84-98; golfinhos e, 92-6

Rescher, Nicholas, 37

ressonância magnética, 53, 91

retina, 31, 113, 115, 142-3; *ver também* visão

revistas: controvérsias em, 74-5; *Nature*, 67; *Science*, 67; trabalhos sobre ciência em, 50, 55, 67, 75, 80, 120

Revolução Industrial, 118

ruído, 36, 109

Rumsfeld, Donald H., 34-5

Russell, Bertrand, 38

Sagan, Carl, 68

San Francisco State University, 136

Schrödinger, Erwin, 25, 41, 148

Science (revista), 67

sentidos *ver* sistemas sensoriais

Shaw, George Bernard, 33

sinapses, 123-6

sistema nervoso, 69, 116-7, 121, 133; motor, 116-7, 127, 132; picos de voltagem no, 31-2, 121; sensorial, 59, 116-7, 133, 144; *ver também* neurociência

sistemas sensoriais, 59, 116-7, 133, 144; percepção sensorial, 31; sentidos básicos, 86, 116; *ver também* audição; olfato; paladar; tato; visão

Skinner, B. F., 96, 137

Sociedade para a Neurociência, 126

Sócrates, 21

Stanford, Universidade, 35, 110

Stein, Gertrude, 20

tato, 59, 70, 116, 144

tecnologia, 23, 32, 53-4, 66, 102, 115, 118-9, 150

tecnologias, 63

teoria da evolução, 71

teoria da relatividade, 78-9, 99, 101-2, 107

termófilos, organismos, 62

Toklas, Alice B., 20

tomografia por emissão de pósitrons (pet), 54

Van Osten, Herr, 88-9

visão, 59, 114-6, 143-4; *ver também* retina

Weizmann, Chaim, 79

Wiles, Andres, 12

Wittgenstein, Ludwig, 128

Wolpert, Daniel, 115

Yale, Universidade, 143

Yeats, W. B., 154

ESTA OBRA FOI COMPOSTA POR ACOMTE EM MINION E IMPRESSA PELA
LIS GRÁFICA EM OFSETE SOBRE PAPEL PÓLEN SOFT DA SUZANO PAPEL E CELULOSE
PARA A EDITORA SCHWARCZ EM JUNHO DE 2019

A marca FSC® é a garantia de que a madeira utilizada na fabricação do papel deste livro provém de florestas que foram gerenciadas de maneira ambientalmente correta, socialmente justa e economicamente viável, além de outras fontes de origem controlada.